海风锋触发雷暴的临近预警技术研究及应用

王 彦 赵 坤 谢 涛 主编

内容简介

本书介绍了著者有关海风锋触发雷暴的观测和数值模拟短时临近预警和应用的研究成果。内容涉及:强对流天气的时空分布特征,边界层辐合线的多尺度时空分布特征,不同类型海风锋与阵风锋相互作用触发雷暴的特征,海风锋与弱冷锋和海风锋与城市热岛相互作用特征。这些内容有利于读者系统、深入地认识海风锋触发强对流天气形成的演变机制,可为沿海强对流触发的局地雷暴天气的监测和预警等提供科学依据。

本书适用于天气分析和预报、人工影响天气等专业领域,也可供相关领域的研究、教学人员和研究生参考。

图书在版编目(CIP)数据

海风锋触发雷暴的临近预警技术研究及应用 / 王彦,赵坤,谢涛主编. --北京 :气象出版社,2020.12

ISBN 978-7-5029-7348-3

Ⅰ.①海… Ⅱ.①王…②赵…③谢… Ⅲ.①海风锋-雷暴-预警系统 Ⅳ.①P457.9

中国版本图书馆 CIP 数据核字(2020)第 246086 号

海风锋触发雷暴的临近预警技术研究及应用

Haifengfeng Chufa Leibao de Linjing Yujing Jishu Yanjiu ji Yingyong

---

出版发行:气象出版社

地　　址:北京市海淀区中关村南大街 46 号　**邮政编码**:100081

电　　话:010-68407112(总编室)　010-68408042(发行部)

网　　址:http://www.qxcbs.com　**E-mail**:qxcbs@cma.gov.cn

责任编辑:王　迪　**终　　审**:吴晓鹏

责任校对:张硕杰　**责任技编**:赵相宁

封面设计:地大彩印设计中心

印　　刷:北京建宏印刷有限公司

开　　本:710 mm×1000 mm　1/16　**印　　张**:8

字　　数:166 千字

版　　次:2020 年 12 月第 1 版　**印　　次**:2020 年 12 月第 1 次印刷

定　　价:80.00 元

序　言

强对流雷暴天气具有尺度小、发展快、灾害重的特点，常形成突发性大风给农业、港口等带来严重经济损失甚至人员伤亡。2002 年天津建立北方第 1 部、沿海第 3 部多普勒天气雷达（WSR-98D），该雷达产品丰富，分辨率高，对提高强对流天气临近预警准确率增添了重要的科学依据。

前期多数学者主要针对强对流强盛阶段的天气雷达回波形态特征开展研究，受观测资料限制，很少有学者关注强对流形成前早期阶段的特征。为提高短时临近预警准确率，该书作者通过对比分析数字化天气雷达（WSR-81S）与多普勒天气雷达观测资料，认识 WSR-98D 有探测弱窄带回波海风锋的能力。18 年来，作者针对海陆交界的特殊地形下海风锋触发形成雷暴的科学问题，系统地、持续地开展了多普勒天气雷达等新型资料观测研究和高分辨率中尺度数值试验探索，近期将这些研究成果整理出版，我很高兴为该书作序。书中涵盖了天津市强对流天气特征、边界层辐合线的多尺度时空分布特征、海风锋触发局地雷暴的观测研究和中尺度数值模拟研究等，以及在沿海城市的典型个例应用等方面的研究成果。有些是很好的结论，也有一些不确定的结论尚需进一步研究。

作者对持续多年的研究成果总结出版，期望为认识海风锋触发局地雷暴天气的变化规律和提高强对流天气的临近预警提供科学参考。该书是一本很好的业务参考书籍，我希望该书的出版能够为沿海开展相关的研究和临近预警业务提供很好的参考借鉴作用，同时为人工防雹业务提供科学技术支撑。

2020 年 11 月 12 日

前　言

天津市夏季强对流天气频繁发生，针对多普勒天气雷达观测夏季午后形成的局地雷暴天气，对比分析 WSR-81S 天气雷达和 WSR-98D 天气雷达观测资料，应用多普勒天气雷达观测海风锋中尺度特征，系统揭示了海风锋与阵风锋、海风锋与其他中尺度系统相互碰撞触发雷暴的发生发展机制。

本书得到国家自然科学基金（41675046、41776181、41705032 和 40975026）的资助，作者在此表示衷心感谢。

本书由王彦、赵坤和谢涛主持编写。由王彦、赵坤、谢涛、许长义、熊明明、赵金霞、胡田田、阿不都外力·阿不力克木、许昕、梁钊明、张楠、宋薇、朱男男、王庆元、陈树成、于莉莉、赵玉娟、郝天依、梁冬坡共同编写。

各章执笔如下。前言：王彦；第 1 章：王彦、许长义；第 2 章：熊明明、陈树成；第 3 章：王彦、阿不都外力·阿不力克木、许昕、许长义、张楠、于莉莉；第 4 章：王彦、许昕、阿不都外力·阿不力克木、梁钊明、宋薇；第 5 章：赵金霞、王彦；第 6 章：胡田田、熊明明、张楠、梁冬坡、郝天依、赵玉娟。王彦对书稿进行了统稿。

本书承蒙李泽椿院士在百忙中拨冗赐序，在本书出版之际表示衷心感谢。在编写过程中，主要引用了本书作者们的研究成果，还应用到了沿海城市的典型个例，同时参考了相关领域的国内外文献，再次向文献作者们和向为本书提供典型个例的专家致以真诚的谢意，特别感谢中国气象局气象干部培训学院俞小鼎教授提供多省的典型天气个例，感谢中国气象局气象探测中心杨金红博士提供若干典型个例，感谢天津市人工影响天气办公室王兆宇的支持和帮助。

由于本书所涉及内容受研究范围、研究时间和作者水平所限，全书虽经仔细核对，但难免有疏漏之处，诚请读者批评指正。

作者

2020 年 6 月 15 日

目　录

第1章　绪论

1.1　意义与必要性

天津市强对流天气的发生发展和天津特殊地形密切相关。天津北依燕山，东临渤海，这种特殊地形对强对流天气的形成具有重要组织作用。前期，多位学者主要针对强对流强盛阶段的天气雷达观测方面进行了相关的研究，如提炼的弓形回波、勾状回波是强对流旺盛时期对应的雷达回波形态特征，受探测资料的限制，很少有学者关注强对流形成前早期阶段的特征。随着新型观测资料的建设，2002年，天津多普勒天气雷达（WSR-98D）建立起来，对比分析WSR-81S与WSR-98D天气雷达，认识到WSR-98D有探测渤海湾海风锋（弱窄带回波）的能力。渤海湾海风锋在以平原海岸、少海岛为主要特征构成独特的地理位置和地形作用下，对渤海湾强对流天气的发生发展有重要影响。天津WSR-98D天气雷达观测夏季午后常有的尺度小、形成快、灾害重的对流启动与边界层弱窄带回波碰撞密切相关。当环境条件有利时，这种弱窄带回波（边界层辐合线）之间相互碰撞后能够触发局地强对流天气。观测表明，2005—2018年由海风锋触发的强对流共计160次，占25.5%。渤海湾海风锋触发的局地强对流天气具有尺度小、变化快的特点，常造成严重经济损失。如2006年6月24日出现的局地强对流天气，变化快、强度强，造成了破坏性的灾害：唐山至北京的蓟北线220千伏高压输电线路29、30、31号铁塔被风刮倒，28号塔顶损坏，估计直接损失2000余万元，引起了社会各界的广泛关注。海风锋与多种中尺度系统相遇碰撞，类型多，过程复杂。通过15年的多普勒天气雷达观测表明，海风锋能够与阵风锋、城市热岛、冷锋、海风锋、对流系统等相互碰撞触发局地强对流天气，其中与阵风锋碰撞的强对流天气占37%，比例最大。

针对上述独特地形影响下渤海湾海风锋触发的强对流天气这一关键科学技术问题，充分利用新型观测资料并结合中尺度数值模拟方式，揭示海风锋与阵风锋相互作用对局地雷暴的组织、形成和发展作用，为发生在沿海城市（天津）局地雷暴天气的短时临近预警提供科学依据和关键技术支持，为沿海城市提供借鉴的技术和方法，提高政府相关部门应对局地突发性强天气的能力。为人工防雹作业提供技术支撑。

1.2 国内外研究进展

1.2.1 海风锋的国际研究进展

国际上海陆风的理论研究始于 Jeffreys(1922)，当时他提出海陆风受气压梯度力、摩擦力和科氏力共同影响。Estoque(1961)首次用二维模式模拟海风环流，得出海风的强度、日变化特征。随着数值模式和计算机技术的发展，Pielke(1974)首次应用较为完善的三维原始方程模式，叠加了实际海岸线和地形，改进地面加热部分，模拟佛罗里达地区一次强对流天气过程，并用观测资料对其进行验证，发现模式能大概模拟出雷暴的发生时间和地点，这标志着海风雷暴模拟研究的真正开始。Rao 等(2000)利用 ARPS 系统对海风锋前的一次雷暴过程进行模拟后指出，海风雷暴的发展受到开尔文-亥姆霍兹不稳定(KHI)的影响，KHI 有利于上升运动的加强和雷暴的维持。Ohashi 等(2002)通过三维中尺度数值模式在理想状态下针对相邻两个城区(其中一个在沿海，另一个在内陆地区)对局地环流的影响特征进行研究，指出海风锋在向内陆推进过程中，会形成一个从沿海城区的高层向内陆城区的低层流动的"链流"(chain flow)。Wissmeier 等(2010)对达尔文岛附近的海风雷暴进行数值模拟，结果表明，海风锋不仅能形成触发雷暴的上升气流，还能提供有利于雷暴发展的冷湿环境，而且海风锋前部的 KHI 决定了雷暴形成的位置和时间。Ryu 等(2013)耦合城市冠层模式的中尺度 WRF 模式针对韩国首尔地区局地环流的相互作用研究，指出城市热岛环流起到了抑制海风向内陆推进的作用，使得海风停滞在首尔。Ezber 等(2015)利用三维非静力中尺度模式 OMEGA 研究土耳其伊斯坦布尔地区的海风锋与城市热岛的关系，通过敏感性实验发现，城市热岛环流影响海风环流的出现时间和持续时间长度等，城市热岛环流与海风环流相遇后在市区形成辐合带，并阻碍海风锋向内陆推进。

海风锋的观测研究与观测技术的发展有着重要联系。Fisher(1961)首先用船舶和飞机观测揭示海陆风结构及其发展，并探讨了科氏力效应对海陆风环流的影响以及海陆风与夜间低空急流的关系。Lhermitte 等(1975)使用两个处于不同位置的多普勒天气雷达对迈阿密地区的海风雷暴进行分析，揭示当地海风雷暴的演变过程。Kozo(1982)采用卫星跟踪浮标和轻便式声雷达对北纬 70 度的波弗特海沿岸进行观测证实了海陆风在高纬度的存在，同时分析了该地区海陆风的风向垂直变化特征以及海风的影响范围。Wakimoto 等(1994)研究发现海风锋能够与水平对流卷(Horizontal Convective Rolls, HCRs)相互作用，增加雷暴等对流活动的强度。Fankhauser 等(1995)对海风锋与阵风锋共同作用触发一次强雷暴三维结构进行分析。Carbone 等(2000)在澳大利亚狄维群岛(Tiwi Islands)的观测研究发现，该地区出现的中尺度对流系统中大约 20%是直接由海风锋之间的相互碰撞导致的。Muppa 等

(2012)提出海风锋与盛行环流气流的相互作用有利于雷暴在沿海及临近地区形成。Mohsin 等(2011)利用5个气象观测站30年的观测数据研究多伦多市的城市热岛效应,并指出人为排放的热量、地形条件以及气象站的选取对城市热岛研究具有重要意义。Soderholm 等(2016)对澳大利亚昆士兰州东南部(South East Queensland)沿海地区18年的雷达气候学(Radar Climatology)特征进行研究发现,海风锋与对流系统之间的相互作用对于该地区的雷暴发生热点(thunderstorm hotspot)的形成具有重要的指示作用。

1.2.2 海风锋的国内研究进展

我国对海风锋的观测研究是从20世纪50年代开始,首先是朱抱真(1955)对"台湾海陆风"的分析研究。他分析海陆风的气候特征,包括年变化、日变化和海陆风的高度及其出现的天气形势等,这是我国研究海陆风的首创。此后,对海风锋的观测分析和数值模拟研究相继展开。

1976年,北京大学地球物理系在锦西进行海风观测。1983年天津对渤海湾海陆风开展了5次野外观测(于恩洪 等,1987),这两次大规模的海陆风观测促进了国内对海陆风结构和特征的认识,同时为国内海陆风观测研究奠定了基础。随着新型观测资料的建设,何群英等(2011)通过分析海陆风在天津局地暴雨过程中的作用,得出在有利的大尺度环流背景和中尺度局地条件下,海风锋对地面有明显的增湿作用,同时还能提供带状辐合上升运动,在雷暴发展过程中起着胚胎和组织对流的作用。卢焕珍等(2008)对晴空环境下海陆风辐合线的雷达回波特征和自动站资料进行对比分析,得出渤海湾海陆风辐合线月变化特征及与渤海湾西岸海陆风变化的对应关系。

国内对海风锋的数值模拟研究起步较晚,主要开始于20世纪90年代初。宋洁慧(2008)对这方面的研究作了详细的回顾。这些研究主要包括建立原始数值模式、修改原有数值模式和应用已有数值模式对海风锋进行研究。建立数值模式来研究海风锋的研究主要有:付秀华(1992)建立了一个复杂地形条件下的三维中尺度风场预报模式,其中对边界层参数化作了较精细的处理,并利用模式进行了两方面的实验:无系统风条件复杂地形下海风锋演变过程的模拟,以及对浙江宁波沿海地区一个个例的风场实况模拟;王卫国等(1997)建立三维非静力能量闭合(E-ε)的边界层模式对深圳海岸复杂地形进行了实际模拟;蔡榕硕等(2003)研制了一个包括水平及垂直扩散、牛顿冷却的二维46层非弹性运动方程组的台湾海峡海陆风数值模式,并用此模式来模拟及研究了台湾海峡两岸海风锋的生成与变化特征;在已有模式的基础上进行一定的修改,可以让模式更好地模拟海陆风的结构和特点。王玉国等(2004)利用地形影响修正的三维流体静力的中尺度气象学模式对一个海风锋个例进行了数值模拟,分析了海风锋环流的日变化规律和三维结构特征(风场、位温场),以及地形对海风锋的影响。

许启慧等(2013)研究天津城市热岛效应对渤海湾西岸海陆风的影响,指出在冷岛和热岛条件下,渤海湾西岸海风的发生频率较低,强热岛阻碍海风向内陆的传播;内陆站在弱热岛条件下出现最大海风的频次较高,但其海风强度与无热岛或冷岛状况下相比要小一些。苗峻峰(2014)系统总结了城市热岛与海风环流相互作用的数值模拟研究进展,王莹和苗峻峰(2019)通过不同的近地层参数化方案对海南岛海风降水过程进行模拟,指出改变近地层方案可对海风环流及相应的降水特征产生明显影响。

针对国内外海风锋触发局地雷暴的预报预警关键技术研究的不足,以及政府和相关部门对局地强对流短临预警气象服务需求,作者对渤海湾海风锋触发局地雷暴组织、形成和发展作用开展系统性的观测研究和数值模拟,研究海风锋对局地雷暴组织、形成和发展的作用;同时考虑到海陆差异及下垫面不均匀特性使得天津地区局地雷暴天气具有很强的地域性,作者研究了海风锋与阵风锋碰撞触发加强局地雷暴的机理分析,构建这种雷暴天气不同阶段的概念模型,为短时预报预警业务和人工影响天气防雹作业提供科学依据和技术支撑,也为国内开展相关研究提供借鉴。

第2章　天津市强对流天气的时空分布特征

受季风影响，我国夏季降水集中，每年都会遭受强降水带来的暴雨洪涝和城市内涝等灾害。研究表明，近年来在全球许多区域短时强降水呈现增加趋势，而弱降水则明显减少。在中国大多数地区，弱（强）量级降水出现的频率趋于下降（增加），表明强降水对总降水量的贡献呈现增大趋势，但对于中国不同地区强降水变化趋势却存在较大差异。在城市尺度上，短时强降水发生时间短，来势凶猛，易造成部分地区受淹、人员伤亡和资产损失。强降水事件一直是汛期服务的重点，特别是短时强降水，其发生发展十分迅速，局地性强，对其监测、临近预警是气象预报服务中持续关注的热点和难点科学问题。

天津市地貌总轮廓为西北高而东南低，有山地、丘陵和平原三种地形，平原约占93％，气候类型为暖温带半湿润季风气候区。7月中旬前后，副热带高压再次北移，8月达到最北位置。副高西侧的西南气流或偏东气流把洋面上的水汽源源不断地向陆地输送，为天津地区提供了充足的水汽条件，因此7月下旬至8月上旬为天津的主汛期，是防汛的重点时期。同时，天津地处渤海西岸，受海陆风环流的影响明显，渤海湾海风锋对强对流天气有触发或增强作用（图2.1）。

图2.1　研究范围

本章采用天津市13个一般站的降水数据(包括逐日降水量、逐年各历时最大降水量),分析天津市降水时空变化趋势。采用区域自动站逐小时降水数据,对天津市短时强降水过程进行细致的分析,并通过计算强降水危险性指数,评估天津市强降水危险性。天津地区海陆交界,其降水特征受海洋影响较大,而天津水汽和液态水特征较单一下垫面地区有较大差异,为深入理解天津水汽和液态水含量对当地强降水的影响,进一步利用西青地基35通道微波辐射计观测资料,分析天津地区大气水汽和液态水时空分布。最后给出典型对流天气个例,有助于进一步认识天津地区短时强降水时空分布的气候背景、海风环流与城市热岛环流相互作用过程,为天津地区天气预报及防灾减灾提供重要参考。

2.1 天津市降水的长期变化特征

2.1.1 天津市降水概况

1981—2019年天津各区年降水量在514.3(西青)~622.4 mm(蓟州),整体呈"北部多、西南少"的态势分布。夏季,各区降水量在354.0(西青)~437.8 mm(蓟州),北部降水明显偏多(图2.2)。

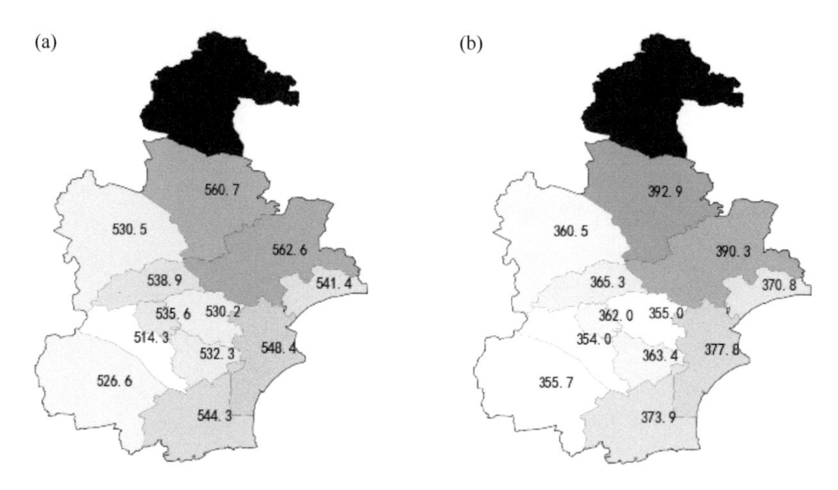

图2.2 1981—2019年天津地区年(a)、夏季(b)平均降水量分布(单位:mm)

1981—2019年天津年平均大雨日数3.5(西青)~4.9 d(蓟州),暴雨日数为1.5(东丽)~2.1 d(蓟州)(图2.3)。

自1961年起,天津地区年降水量整体以1.3 mm/a的速率减少,分年代看,天津地区20世纪60年代期间年降水量最多(平均为656.8 mm),90年代期间年降水量最少(平均为514.8 mm)(图2.4)。

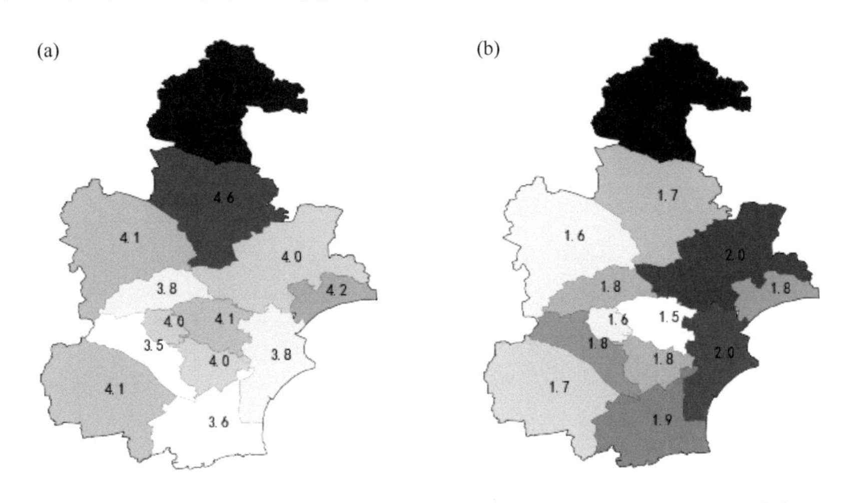

图 2.3　1981—2019 年天津地区年平均大雨(a)、暴雨日数(b)空间分布(单位:d)

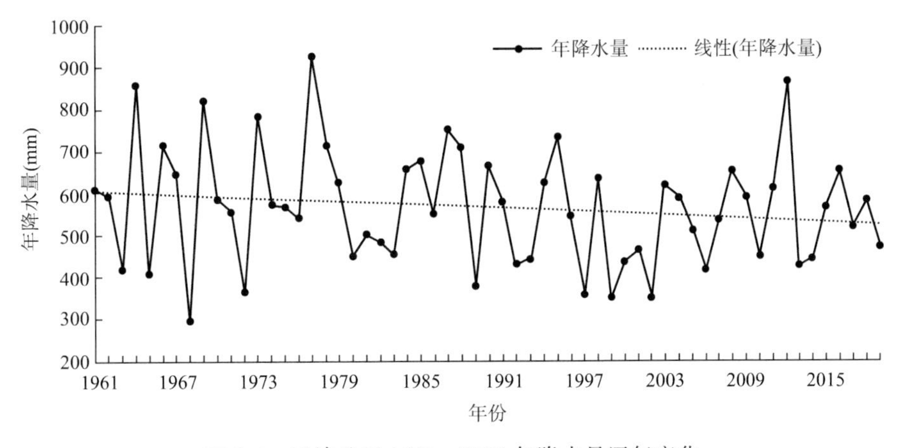

图 2.4　天津地区 1961—2019 年降水量逐年变化

1961—2019 年天津地区年均大雨和暴雨日数分别为 4.3 d 和 1.9 d,1964 年大雨日数最多,为 7.5 d,1995 年暴雨日数最多,为 3.8 d。近 60 a 大、暴雨日数整体呈微弱的减少趋势,年际间波动较为明显。自 1961 年天津地区大、暴雨日数大体经历了一个先减少后增多的过程,20 世纪 80 年代前期、90 年代后期大、暴雨日数相对较少(图 2.5)。

2.1.2　天津市强降水空间分布及逐年变化趋势

1981—2019 年天津地区连续 1 d 最大降水的极大值出现在武清,连续 2 d 或 3 d 最大降水的极大值出现在滨海新区汉沽,次大值出现在武清,连续 5 d 最大降水极大值出现在北辰,其次是滨海新区。整体上中南部极端降水相对较小,蓟州区最小。对于建站以来的极值情况,极大值大都出现在蓟州和滨海新区北部(图 2.6)。

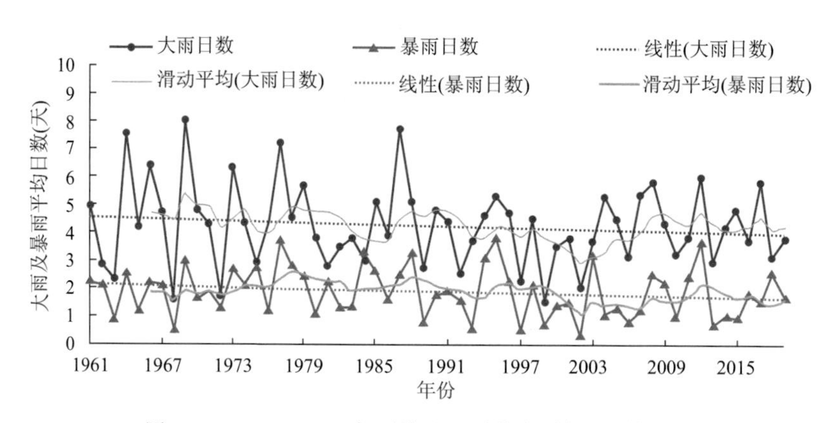

图 2.5　1961—2019 年天津地区平均大、暴雨日数变化

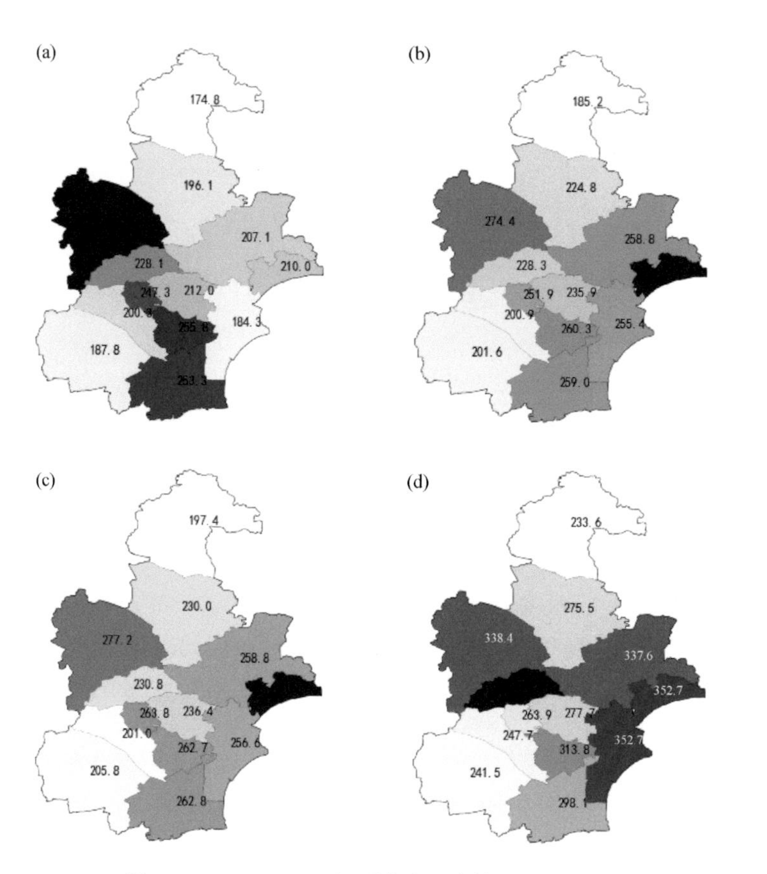

图 2.6　1981—2019 年天津地区连续 1(a)、2(b)、
3(c)、5(d)最大降水空间分布(单位:mm)

统计天津 13 个气象台站 1981—2019 年 1、3、6、12 h 的最大降水量的极大值，发现 1 h 最大降水极值呈波动变化，无明显趋势；3、6、12 h 极值均表现为“两高一低”的变化趋势，20 世纪 80 年代、21 世纪 00 年代降水极值较大，20 世纪 90 年代、21 世纪初降水极值相对较小(图 2.7)。

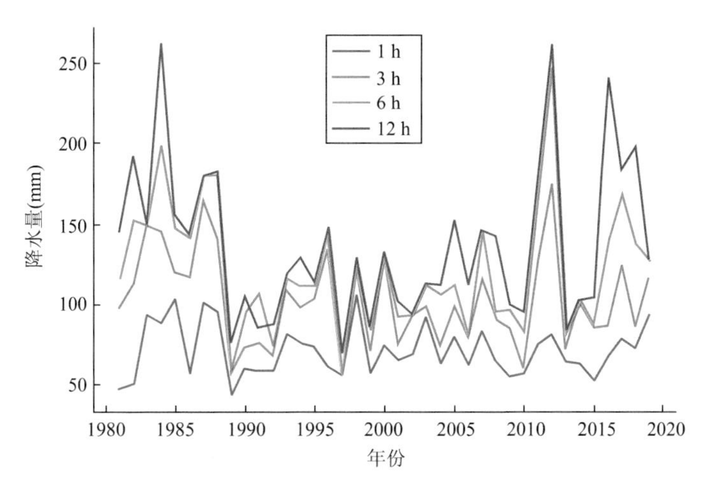

图 2.7　天津地区 1、3、6、12 h 台站最大降水量极大值年变化

2.2　天津市降水的精细化特征和危险性评估

2.2.1　降水过程及降水事件划分

对一次降水过程做如下规定：(1)1 h 降水量大于等于 0.1 mm 的时次被判定为有降水发生，此时刻为降水开始时刻 T_{start}；(2)某降水时刻后连续 2 h 没有降水时，判定一次降水过程结束，该时刻为降水结束时刻 T_{end}。该降水过程记为一次降水事件，将一次降水事件开始至结束时间的小时数定义为其持续时间。

短时强降水是指短时间内降水强度较大，其降水量达到或超过某一量值的天气现象。结合天津的实际情况和成灾的可能性，将短时强降水分为 3 级，降水过程中有 1 时次降水量≥10 mm 且＜20 mm 的为三级短时强降水事件、有 1 时次降水量≥20 mm 且＜30 mm 的为二级短时强降水事件、有 1 时次降水量≥30 mm 的为一级短时强降水事件，以此挑选出各区域气象自动站短时强降水事件。

2.2.2　降水的精细化空间分布特征

降水量、降水频次和降水强度是反映降水特性的三个重要指标。这里通过分析天津降水小时数、小时平均降水强度和最大降水量，给出天津市降水基本空间分布态。可以看出，天津地区降水小时数高值区主要分布在蓟县北部、滨海新区中部至西南部一带及市区西北侧部分地区；小时平均降水强度，在蓟县东北部、市区西北侧、滨海新区南部和宝坻南部比较大；对于出现过的小时最大降水量，存在两条明显大值分布带，分别位于市区北部的北辰至宁河一带以及市区南部的静海东南部至滨海新区南部一带。值得指出的是，天津主城区（市区）内西北侧附近小时降水强度较郊区大，主城区附近西北侧小时降水强度较东南侧大（图 2.8）。

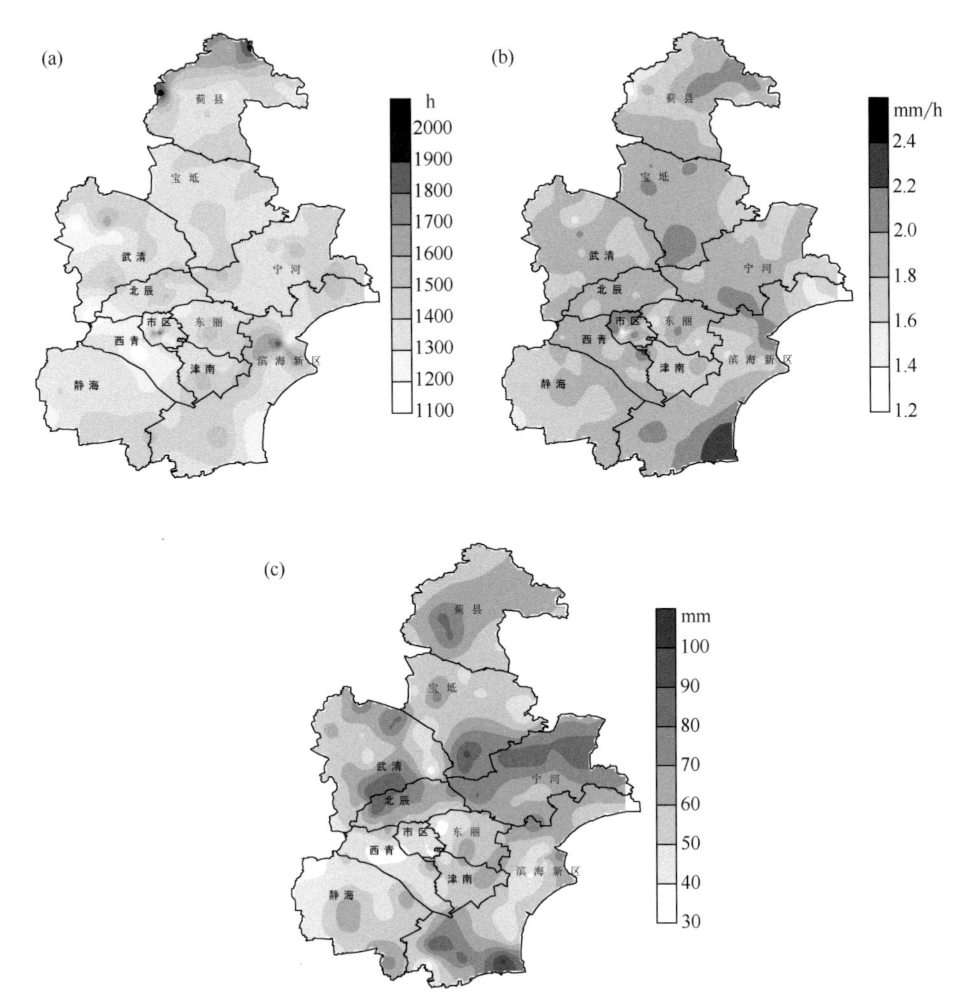

图 2.8　2009—2013 年天津 4—10 月(a)降水小时数、(b)小时平均降水强度、(c)小时最大降水量空间分布

图 2.9 显示了 2009—2013 年 4—10 月天津地区 205 个区域自动站上短时强降水事件发生频次的空间分布。从图中可以看出，三级短时强降水事件的高发区主要集中在蓟县北部山区及蓟县西南侧和宝坻交界处，对于天津南部广大平原地区，三级短时强降水事件在市区东丽西北侧、滨海新区西南部和宁河均出现了相对高值区，津南位于市区东南侧三级短时强降水事件明显偏少；二级短时强降水事件的高发

区位置与三级短时强降水事件高发区类似；一级短时强降水事件在市区西北侧和东南侧与三级和二级短时强降水事件频次分布有明显的不同，在三级和二级短时强降水事件中，市区西北侧和东南侧为强降水事件的高发区和低发区，而对于一级短时强降水事件，其分布趋于相反，这可能是由于城市化带来的“雨岛效应”使得主城区西北侧 10～30 mm 的强降水事件增多、30 mm 以上的降水事件减少，对于主城区的东南侧则相反。

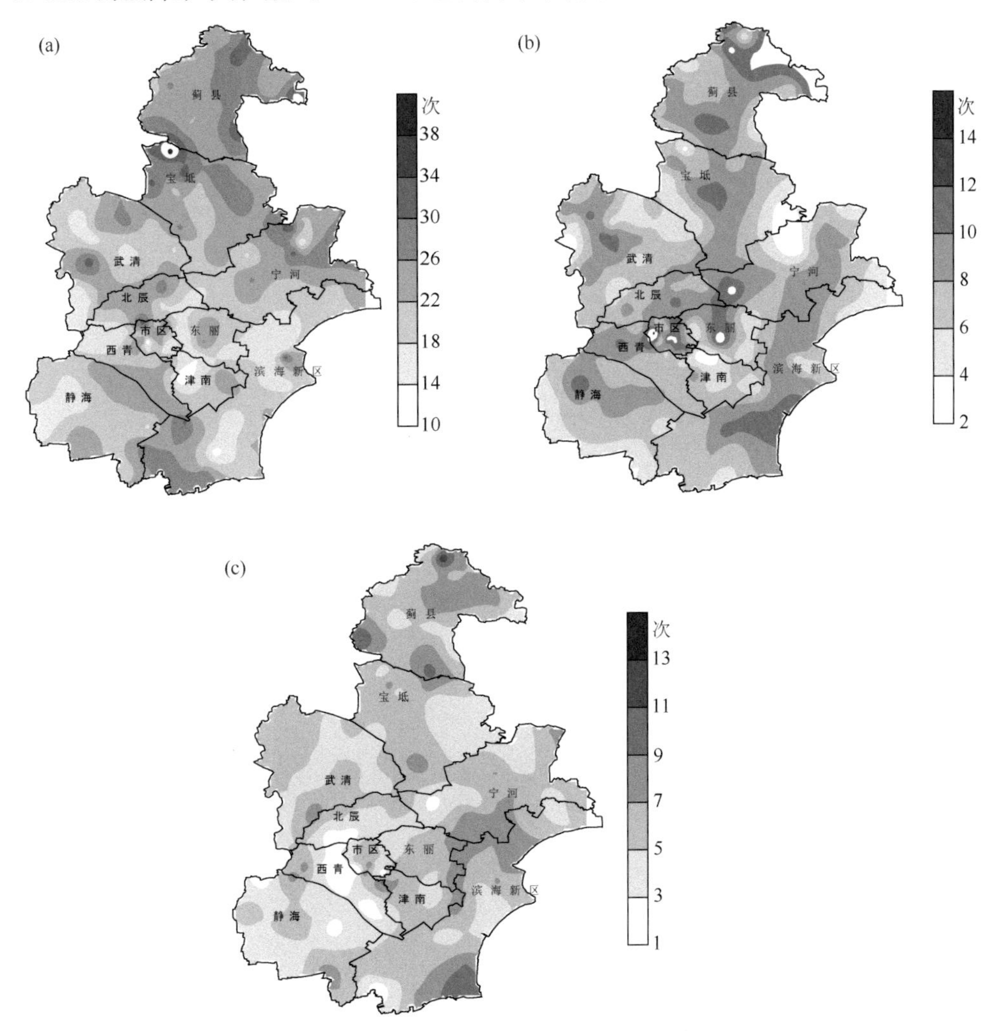

图 2.9　强降水事件发生频次空间分布

(a)10 mm≤R＜20 mm，(b)20 mm≤R＜30 mm，(c)R≥30 mm

从 1、3、6 h 及过程降水量最大值空间分布可以看出，各时次最大降水量都存在几个高值中心，分别位于蓟县北部、市区北部的北辰至宁河一带以及市区南部的静海东南部至滨海新区南部一带，西青和静海的西北部以及滨海新区的北部为降水最大值出现的低值区（图 2.10）。

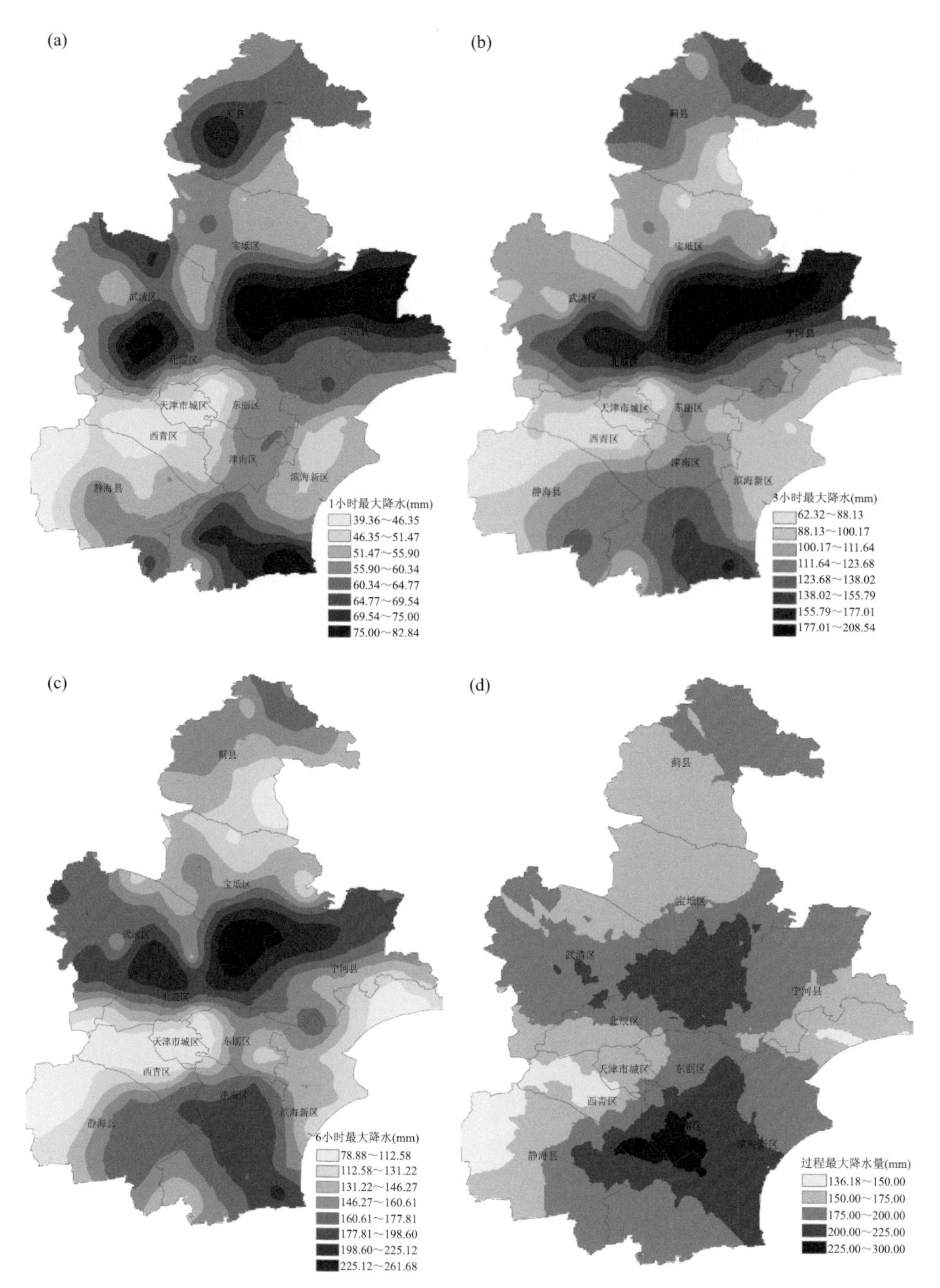

图 2.10　1、3、6 h 及过程降水量最大值空间分布

(a)1 h 最大降水量，(b)3 h 最大降水量，(c)6 h 最大降水量，(d)过程最大降水量

2.2.3　降水的日变化特征

Yu 等(1997)的研究表明,中国中东部地区长历时降水(超过 6 h)的最大降水量多出现在清晨,而短持续性降水(1～3 h)峰值多在下午到傍晚发生。对于不同的区域,降水峰值时间与持续性之间的关系可能存在不同的差异,利用天津各区域自动站逐时降水资料,对不同持续性降水分类进行统计,进一步分析天津主城区及周边、沿海区域以及全市不同持续性降水事件的日变化特征。

图 2.11 分别给出了天津不同地区区域平均的不同持续性降水事件的累积降水量、降水频次和降水强度的日变化分布。就全市范围来看,持续 1～4 h 降水量在傍晚到午夜易出现极大值,持续 4～10 h 降水量在凌晨易出现极大值;持续时间在 1～2 h 的降水频次在凌晨至中午较多,2～6 h 的降水频次凌晨和傍晚至午夜接近,对于 6 h 以上的降水频次凌晨则明显多于傍晚至午夜。

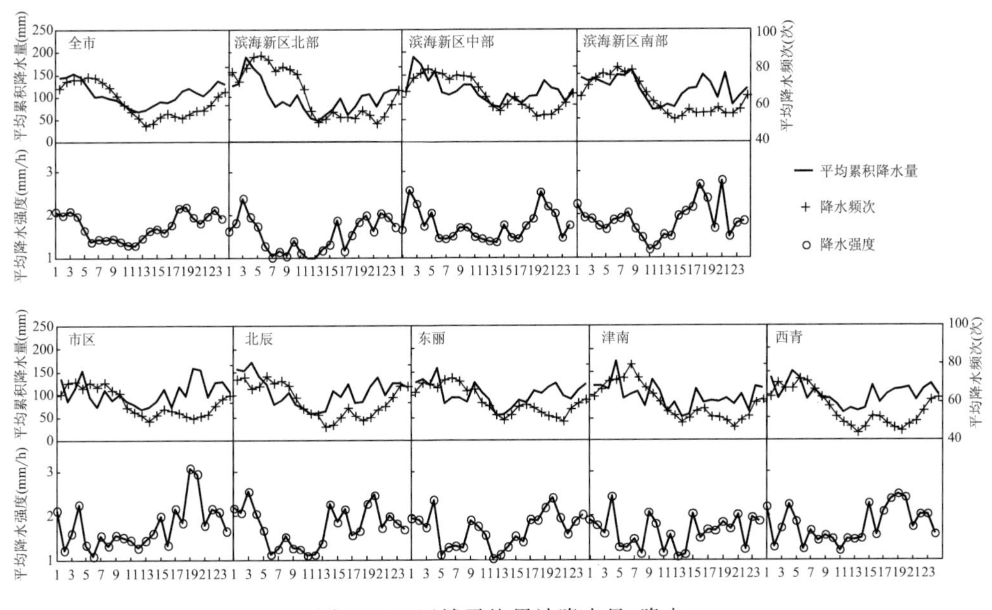

图 2.11　区域平均累计降水量、降水频次、降水强度日变化曲线

从各区域情况看(图 2.12),主城区及周边降水量主要以 8 h 以内的持续降水为主,集中在 4 h 以内,10 h 以上的持续降水在凌晨至清晨易出现极大值,且午后的降水量较午前少;持续时间 6 h 以内的短时降水,特别是 4 h 以内的,市区及北辰在傍晚前后易出现极大值,而对于东丽、津南和西青,凌晨和傍晚至午夜两个时段接近。对于沿海区域,相比主城区及周边,降水量大值区对应的降水持续时间偏长,凌晨和傍晚至午夜两段时间分布形态与其他区域类似但区别不明显。

综上所述，可以看到，市区及其西北侧长持续时间(10 h以上)的最大降水易出现在凌晨至清晨，短时降水(1～4 h)的最大降水易出现在傍晚至午夜，市区东南侧及沿海区域也有类似的分布，但市区东南侧短时降水和沿海区域降水在两个时段的区别不明显。

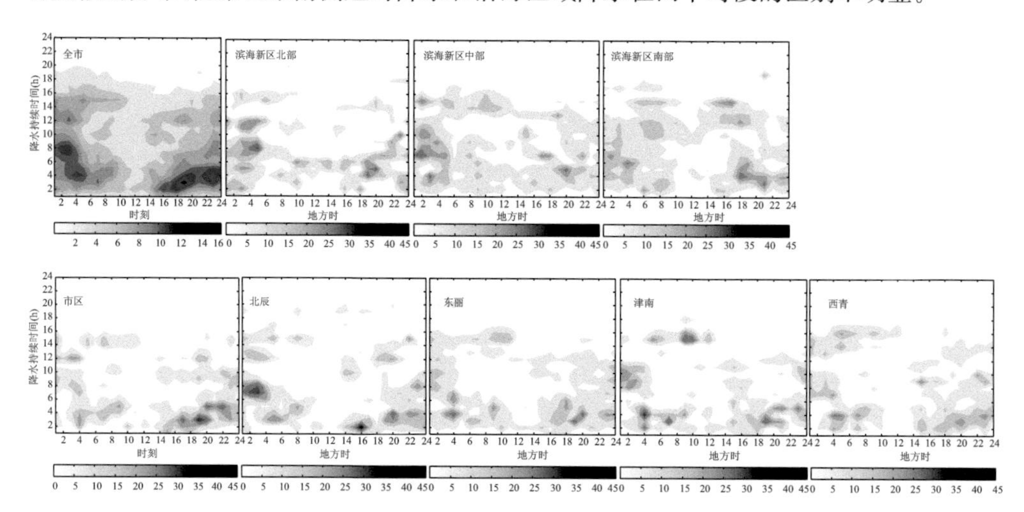

图 2.12　持续降水事件的区域平均累积降水量日变化(单位:mm)

2.2.4　强降水危险性评估

利用强降水致灾因子的危险性评价研究强降水发生的可能性，包括分析其时间、空间的致灾特征及发生规律。

考虑到同一次降水过程，天津北部和南部降水出现时间可能会相差一天，因此在做分析时，将连续两天都有降水的过程，视作一个降水过程，同时考虑每场降水过程中需有20%以上的站点出现降水。处理方式为:从降水过程中有1 h降水≥5 mm的样本中选取，1、3、6 h最大降水量取2 d降水过程中滑动最大值，累积降水量取2 d降水过程的累积，累积降水时间取2 d的降水持续时间的和，共得到99场降水样本。这里将1 h降水量≥10 mm或3 h降水量≥20 mm或6 h降水量≥30 mm或累积降水量≥50 mm的降水过程判断为强降水，计算1、3、6 h及累积降水的危险性分布。

一般情况下，某一站点强降水降水量的平均值可以反映出强降水的降水强度。根据下式将降水均值数据标准化

$$R=\frac{X-X_{\min}}{X_{\max}-X_{\min}} \tag{2.1}$$

X 为某一站点强降水的平均值，$X_{\max}$ 为样本 X 中的最大值，$X_{\min}$ 为样本 X 中的最小值，R 为强降水强度因子。经过标准化后 R 值在0～1，用来表征降水强度，同时将强降水频次标准化。

选择强降水危险性指数 N 来反映该站点强降水的危险程度:$N=R_i\cdot F_i$，F_i 为

强降水的发生频次，R_i 为强降水的强度因子。

对于 3 h 以内的短时降水，蓟县、宝坻、宁河以及滨海新区南部的危险性最大，市区的西北大部有中等危险。而对于 6 h 以上的降水，高危险区则主要集中在北辰至宁河以及滨海新区南部地区，西青静海大部属于危险性相对较低的区域(图 2.13)。

图 2.13 强降水致灾因子危险性区划

(a)1 h 降水，(b)3 h 降水，(c)6 h 降水，(d)过程降水危险性

2.3 天津市雷暴、大风、冰雹和水汽特征

2.3.1 雷暴、大风特征

天津雷暴主要出现在夏半年，多年平均雷暴日数 25.3～36.8 d，蓟州最多，滨海新区、塘沽最少。天津年平均大风日数 3.6～27.8 d，沿海多于内陆，平原多于山区，春季大风日最多，冬季次之，秋季、夏季大风依次减少（图 2.14）。

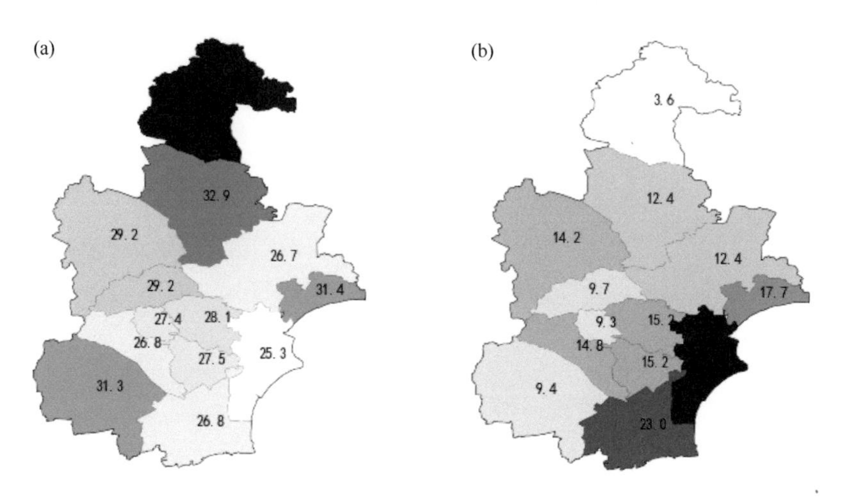

图 2.14　1981—2013 年平均雷暴日数(a)和 1981—2019 年平均大风日数(b)分布(单位：d)

2.3.2 冰雹特征

天津年平均冰雹日为 0.5～1.2 d，北部山区发生概率高于市区，其中蓟州最多。冰雹以 6、7 月最多。一天中降雹时间多出现在 14:00—20:00。冰雹突发性强，直接危害农、林、果、牧业和温室、大棚等，对人畜和建筑、交通等各方面都造成影响，经济损失明显（图 2.15）。

2.3.3 水汽特征

图 2.16 为 2013 年 3 月至 2017 年 2 月天津地区各季节积分水汽和积分液态水的日变化曲线。由图可知，各季节积分水汽呈单峰型日变化特征，其中夏季积分水汽最大，秋季次之，冬季最小。夏季积分水汽的大值区间出现在下午时段（14:00—20:00）（北京时，下同），最大值出现在 14:00。04:00—12:00 为积分水汽的小值区间。其他三个季节积分水汽的最大值均出现在夜间（22:00—05:00），积分水汽小值区间出现在白天时段（08:00—21:00）。各季节积分液态水的日变化趋势与积分水

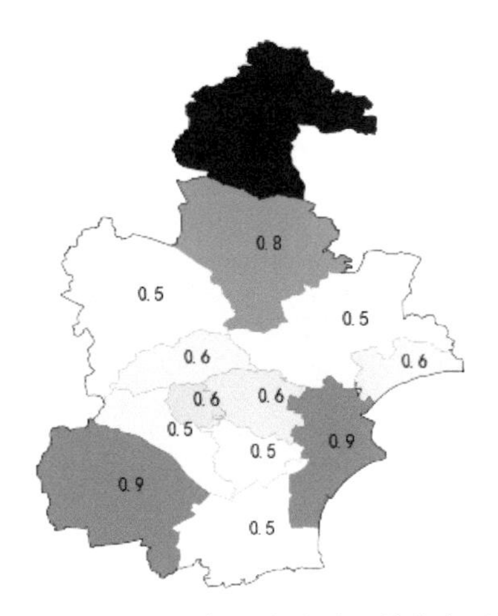

图 2.15　1981—2019 年平均冰雹日数分布(单位:d)

汽的变化基本一致,夏季积分液态水最大,秋季次之,冬季最小。但是相较于积分水汽的变化趋势,夏季夜间积分液态水急剧降低。冬季积分液态水呈较明显的波动日变化,不存在大(小)值区。

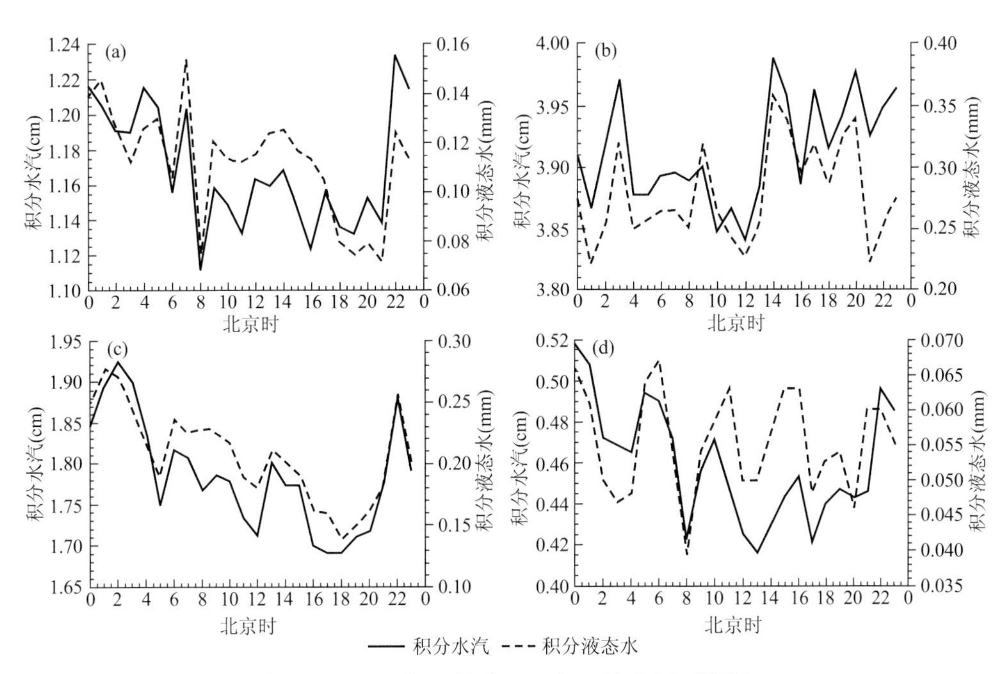

图 2.16　2013 年 3 月至 2017 年 2 月春(a)、夏(b)、秋(c)、冬(d)天津地区积分水汽与积分液态水日变化

2.4 典型个例

2012 年 7 月 22 日，天津市普降暴雨到大暴雨，共 5 个区县出现暴雨，4 个区县出现大暴雨，1 个区县出现特大暴雨，最大降水量出现在武清，为 257.2 mm（图 2.17）。据民政局统计，此次暴雨共造成 308856 人受灾，农作物受灾面积 65779.5 hm^2，成灾面积 39796.9 hm^2，绝收面积 5429.6 hm^2，倒塌居民住房 117 户共 359 间，损坏房屋 1901 间，全市直接经济损失 59683.6 万元，其中农业直接经济损失 57323.2 万元。

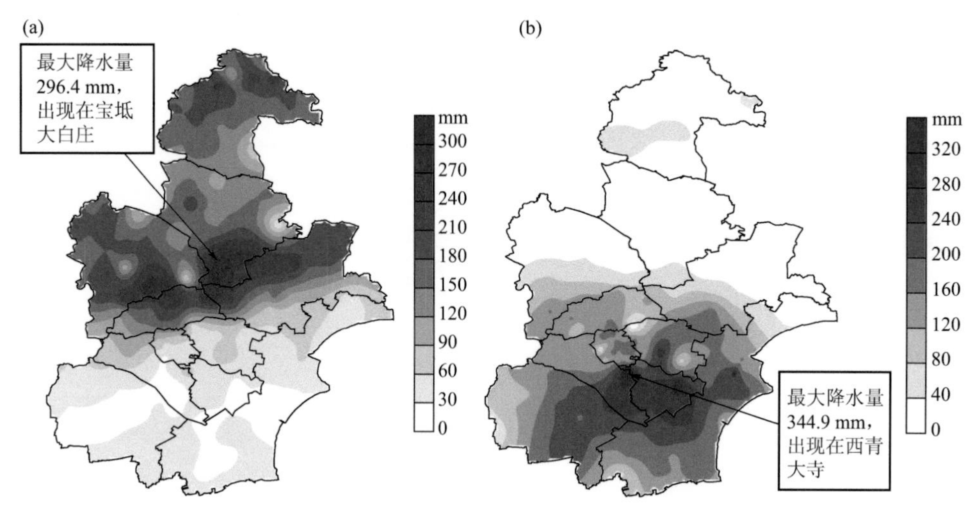

图 2.17 2012 年 7 月 21—22 日降水过程的累积降水(a)和 2012 年 7 月 25—26 日降水过程的累积降水(b)

2012 年 7 月 26 日，全市普降大暴雨，全市共有 2 个区县出现暴雨，6 个区县出现大暴雨，2 个区县出现特大暴雨，为津南和大港，降水量分别为 255.8 mm、253.3 mm，均突破最大一日降水量历史记录。据民政局统计，此次暴雨造成全市 487566 人受灾，紧急转移安置人口 4168 人，农作物受灾面积达 71272 hm^2，成灾面积达 61814 hm^2，绝收面积达 5313 hm^2，倒塌房屋 757 间，损坏房屋 23877 间，造成全市直接经济损失 183651.7 万元，其中农业经济损失 119071.9 万元。

2013 年 7 月 1 日 13:00 前后降雨云系自南向北影响大港地区中南部和东部地区，造成大港南部出现强降水。本次过程大港南部地区普降暴雨，局部地区出现了特大暴雨，此次降水过程有雨量大、雨量分布不均的特点。大港地区平均降水量 116.3 mm，最大雨量 254.4 mm，区域内三个站达到 200 mm 以上，10 个站达到 100 mm 以上（图 2.18）。此次降水过程大港区、武清区和静海县玉米、棉花、大棚蔬菜受灾较重，受灾面积达到 3251.33 hm^2，损坏房屋 28 间，大棚损坏 31 座，共计经济损失 2337 万余元，造成武清城关镇七个村街 970 亩[①]地受灾绝收，积水 24 h 内不能完全排出，对秋粮收成损失较大。大港油田生活区淹泡严重，油田矿区事业部三号院团结村小区全部淹泡，积水深度 40 cm，部分一楼住户家中进水。油田供水公司生活小区积水达 50 cm，排水困难。

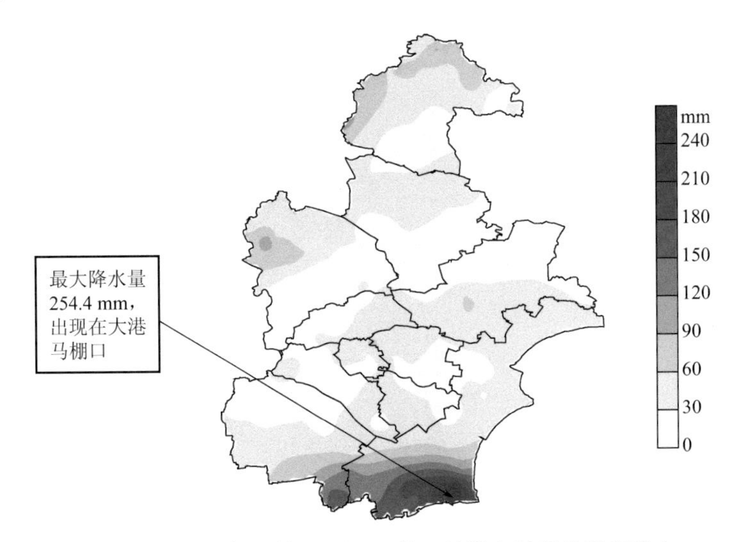

图 2.18 2013 年 6 月 30 日—7 月 1 日降水过程的累积降水

① 1 亩=666.7m^2

第3章　边界层辐合线的多尺度时空分布观测特征

强对流天气是大气不稳定能量释放的产物，由于它尺度小，突发性强，灾害性重，一直是短时临近预报预警的重点和难点。许多国外学者从多角度开展了对强对流天气的深入研究(Wilson et al. , 1993; Bluestein et al. ,1985;Corfidi et al. ,1996; Aylward et al. ,2010;Schumacher et al. ,2008;2009)，取得了很多有价值的研究成果。国内的气象工作者针对我国的强对流天气特点，不仅对强对流天气的基本概念、产生机理进行了论述(陶祖钰 等,2012;俞小鼎 等,2014;郑永光 等,2017)，还对不同地区、不同类型的强对流天气进行了许多卓有成效的分析研究(漆梁波,2015;梁俊平等,2015;刘璐 等,2015;庞古乾 等,2016,高梦竹 等,2017;吴海英 等,2017)，提高了对各种强对流天气形成机理的认识。

大气的边界层过程在强对流的激发中起到了重要作用，中尺度抬升必需的低层不连续界面，如切变、辐合线、对流外流边界面、水平对流滚轴、边界层非均匀加热、风与地形的相互作用等主要发生于边界层(Weckwerth et al. ,1992; Weckwerth et al. ,2006)。在雷达甚至卫星图像上有时会表现为不连续的“细线”或“窄带”，称为边界层辐合线(Wilson et al. ,1986)。边界层辐合线的监测和特征识别是风暴发生、发展和消亡临近预报的关键所在，大多数风暴都起源于边界层辐合线附近，在两条边界层辐合线的相交处，如果大气垂直层结有利于对流发展，则几乎肯定会有风暴生成；如果边界层辐合线相交处本来就有风暴，则该风暴会迅速发展(Wilson et al. , 1993; Wilson et al. ,2004)。Wilson 等(1986)对 1984 年 5—8 月科罗拉多州山区的 653 个对流风暴做了统计分析，发现其中 79%是雷达观测到的边界层辐合线(在雷达回波上体现为弱的窄带回波)触发产生，71%的个例中辐合线交汇触发了雷暴或加强了已经存在的风暴。Wilson 等(1993;1997;1998)指出，雷暴生成后，可否加强或维持其强度，首先与低层的风垂直切变相对于边界层辐合线的方向有关。当大气边界层的风向与边界层辐合线移动方向相反，且边界层以上的风与雷暴出流边界移动方向相同时，对流能够容易垂直向上发展，有利于雷暴的加强和维持；而若大气边界层的风向与辐合线移动方向相同，且边界层以上的风与雷暴出流边界移动方向相反时，雷暴上升气流会出现明显倾斜，不利于其加强和维持。根据 Wilson 等(2006)对美国雷暴触发情况的统计，就平坦地区而言，排除地形触发，大约 50%的雷暴是由靠近地面的边界层辐合线触发的地基雷暴，另外 50%左右的雷暴是在大气边界层以上触发的，属于高架雷暴。地面附近的边界层辐合线包括天气尺度的冷锋或露点锋、干线、中尺度的海风锋、雷暴前沿的阵风锋（出流边界）以及地形造成的辐合线等（Wilson et al.，1993）。

抬升触发条件是雷暴短临预报的难点，常常是在水汽和层结不稳定条件具备的情况下，等待抬升触发机制（王秀明 等，2014）。触发对流的抬升条件大多由中尺度系统提供，如锋面、干线、对流风暴的外流边界（阵风锋）、海（陆）风锋、重力波等（俞小鼎 等，2006）。海陆风在上海中心城区形成的地面辐合线是上海“0731”局地强对流天气的触发机制（王晓峰 等，2014）。干线及其相伴的辐合线是东北龙卷风暴的主要抬升触发机制（王秀明 等，2015）。阵风锋可以通过与前方暖湿气流碰撞之后激发新对流单体（Fovell et al.，1988；Fovell et al.，1998；Lin et al，1998；鲍旭炜 等，2010；孙继松 等，2012）；海风锋本身也会触发雷暴的新生和发展（赵金霞 等，2012）；地形辐合线、干线、锋面、切变线等各种中尺度辐合线也能够触发雷暴的新生和发展（Ogura et al.，1977；Purdom et al.，1982；翟国庆 等，1992；龚佃利 等，2005；姚建群等，2005；徐亚钦 等，2011；郑媛媛 等，2011；张文龙 等，2014；梁俊平 等，2015）。当然，这些中尺度辐合线在有利天气形势配合下的相互碰撞，则更容易激发对流（William et al.，1988；Wilson et al，2004；沈杭锋，2010；王彦 等，2011a，b；卢焕珍 等，2012）。许爱华等（2014）对中国近百次强对流天气进行了分析，把中国强对流天气分成5种基本类别，并分别对其生成环境和主要触发条件进行了阐述。

我国沿海地区边界层辐合线有这样的共性特征，当然也存在独特性。对我国渤海、东海、华南沿海三地海风锋的研究表明：海风锋夏季频率高于冬季，海风强于陆风（邱晓媛 等，2013）。各地区海陆风特征如表3.1所示。海陆风环流不仅是沿岸陆地和水域上对流降水日变化的驱动因子（Mori et al.，2004），而且海陆风与局地热力环流相互作用后可调节局地降水日变化。华南沿岸地区日降水峰值在清晨，弱风日主要与海陆风有关（Chen et al.，2016）。

表3.1　各地区海陆风特征（邱晓媛 等，2013）

地点	海风时间	陆风时间	海陆风日频率
环渤海地区	夏：07:00(09:00)—18:00(20:00) 冬：11:00—17:00(18:00)	夏：20:00—06:00(07:00) 冬：19:00—09:00(10:00)	夏秋高于冬春， 年均频率23%左右
长三角地区	夏：11:00—21:00(23:00) 冬：12:00(13:00)—22:00(23:00)	夏：23:00—09:00(11:00) 冬：00:00—12:00	9月高于2月，频率皆超过30%， 9月椒江站甚至接近50%
华南地区	夏：09:00(10:00)—22:00(23:00) 冬：10:00(13:00)—20:00(23:00)	夏：00:00—08:00 冬：22:00(23:00)—10:00(12:00)	夏秋高于冬春，年均 频率20%～35%

天津强对流天气的发生发展与其特殊的地形密切相关。天津北依燕山，东临渤海，这种特殊地形对强对流天气的形成具有重要组织作用。前期多位学者主要针对强对流的天气雷达监测方面进行了相关的研究，如提炼的弓形回波、钩状回波是强

对流旺盛时期对应的雷达回波形态特征。但受观测资料的限制,很少有学者关注强对流形成前、早期阶段的特征。随着新型观测资料的建设,2002 年天津多普勒天气雷达(WSR-98D)建立,通过对比分析 WSR-81S 与 WSR-98D 天气雷达,认识到 WSR-98D 具有探测渤海湾海风锋(弱窄带回波)的能力。渤海湾海风锋在以平原海岸、少海岛为主要特征构成的独特地理位置和地形作用下,对渤海湾强对流天气的发生发展有重要影响,当环境条件有利时,这种弱窄带回波(边界层辐合线)之间相互碰撞后能够触发很强的局地强对流天气。观测表明,2005—2018 年由海风锋触发的局地强对流共计 160 次,占 25.5%。渤海湾海风锋触发的局地强对流天气具有尺度小、变化快的特点,常造成重大人员伤亡产生和严重经济损失。

3.1 资料与方法

3.1.1 观测资料

3.1.1.1 新一代多普勒天气雷达

强对流天气短时临近预报的主要工具是多普勒天气雷达。2002 年,作为北方最早布设的一部天气雷达——天津新一代天气雷达(WSR-98D)位于滨海新区,经纬度为 117.717°E,39.044°N,海拔高度 69.8 m。通常有三种体扫方式,分别为 VCP11、VCP21 和 VCP31(俞小鼎 等,2006),VCP31 方式 10 min 扫描低层的 5 个仰角,主要用于晴空和没有显著降水天气情况下的观测;VCP21 主要用于显著降水天气下的观测,每隔 6 min 完成 9 个仰角的扫描;VCP11 主要用于强对流天气情况下的观测,每隔 5 min 完成 14 个仰角的扫描。在实际运行过程中,由于我国新一代天气雷达 VCP31 和 VCP11 观测模式经常出现故障,因此绝大多数情况下几乎所有雷达全部采用 VCP21 方式进行体积扫描,天津多普勒天气雷达同样采用 VCP21 体扫模式。VCP21 从 0.5°仰角起始,依次观测 1.5°、2.4°、3.4°、4.3°、6.0°、9.9°、14.6°和 19.5°九个仰角的 360°扫描。观测从 0.5°仰角开始而不是从 0.0°仰角开始是为了避免过多的地物杂波,最高仰角不超过 19.5°是由于多普勒所测径向速度来自水平气流和垂直气流两部分,两者混在一起使得径向速度的物理意义不清楚,因此仰角不宜抬得太高。在仰角不是太高的情况下,可以认为雷达所测径向速度主要是水平气流在雷达径向上的投影,可以识别辐合、辐散和旋转等水平流场的特征。

天津 CINRAD/SA 型天气雷达基本反射率因子的观测范围为 460 km,径向速度和基本反射率因子谱宽的观测范围为 230 km,大部分算法适用范围位于 230 km 以内,少量算法适用范围扩展到 345 km。基数据沿雷达径向的分辨率为 1 km,沿方位角方向的分辨率为 1°,即 1 km×1°,平均径向速度和速度谱宽基数据的分辨率为 0.25 km×1°。每一个仰角的 360°扫描构成一个圆锥面,最低仰角为 0.5°,最高仰角为 19.5°。

新一代天气雷达的导出产品有30多种(俞小鼎 等,2006),比较常用的包括:(1)组合反射率因子(CR);(2)垂直累积液态水(VIL);(3)回波顶(ET);(4)风暴路径信息(STI);(5)冰雹指数(HI);(6)中气旋(M);(7)速度方位显示风廓线(VWP);(8)1 h累积雨量(OHP);(9)3 h累积雨量(THP);(10)相对风暴径向速度区(SRR)。

3.1.1.2　风廓线雷达

风廓线雷达也是一种脉冲式多普勒天气雷达,只不过主要目的是测风,其优势是即便在晴空情况下也能获得大气的垂直风廓线(俞小鼎 等,2020)。其原理是分别向至少3个方向发射脉冲波束,其中一个波束指向天顶,另外两个波束分别与天顶呈15°角,两波束之间呈直角,最多使用5个波束。探测原理与多普勒天气雷达类似,只是散射体不是降水粒子而是大气湍流,即利用大气湍流对电磁波的散射作用对风场要素进行探测的。风廓线雷达测风时,重要前提是要求假定空气运动至少要在波束取样的空间范围内是“水平分层均匀”。由于空气的湍流运动,雷达波束的电磁波信号向后散射的部分将会产生一定功率的回波信号,这种信号被称为晴空散射。由于散射气团随风漂移,沿雷达波束径向风速分量大小将导致回波信号产生多普勒频移,测定回波信号的频移值可以计算出某一层大气沿雷达波束径向的风速分量值。

本章分别使用天津宝坻、西青、静海以及河北黄骅四部风廓线雷达资料,其中宝坻(39.44°N,117.17°E)、静海(38.55°N,116.55°E)和黄骅(38.37°N,117.35°E)为CFL-03B型风廓线雷达,西青(39.08°N,117.05°E)为CFL-16对流层Ⅰ型风廓线雷达,四部雷达的基本技术性能如表3.2所示(史珺 等,2017)。本章中的风廓线雷达采用五波束探测,包括1个垂直指向波束、4个倾斜指向波束。利用垂直指向波束获取的多普勒径向速度能够直接得到探测位置上空垂直速度随高度的分布,可弥补常规探测无法获取垂直速度信息的不足。

表3.2　风廓线雷达基本技术性能

站点	宝坻	西青	静海	黄骅
工作频率(MHz)	1360	445	1360	1360
最低探测高度(m)	60	150	60	150
最高探测高度(m)	5280	8960	7080	8550
时间分辨率(min)	6	6	6	6
扫描波束数	5	5	5	5
高度层	49	46	66	52

3.1.1.3　边界层气象铁塔

使用天津250 m大气边界层气象观测铁塔(39.06°N,117.1°E)逐分钟观测数据,垂直方向15层,观测高度分别为5、10、20、30、40、60、80、100、120、140、160、180、200、220和250 m,观测要素为水平风向、风速、温度和相对湿度。

3.1.1.4 再分析资料

NCEP-FNL 再分析资料由美国国家环境预报中心(NCEP)提供(资料网址:http://dss.ucar.edu/datasets/ds083.2/),其空间分辨率为 1°×1°,时间间隔 6 h。FNL 资料的变量垂直分布在 26 层等压面(从 1000 hPa 到 10 hPa)和地面上,主要包括地面气压、海平面气压、位势高度、气温、海温、土壤参数值、冰雪覆盖、相对湿度、u 和 v 水平风场、垂直运动和涡度等变量。目前,该资料被广泛应用于天气和气候的诊断和统计分析中,同时为模拟分析提供了很好的初始场和边界场。

3.1.1.5 常规探测资料

中国气象局提供的常规观测资料(站点资料),包括地面常规和自动站观测(时间间隔分别为 3 h 和 1 h)、卫星观测(云顶亮温和红外云图,时间间隔为 1 h)、探空资料(时间间隔为 12 h)以及 1 h(地面自动站资料)和 6 h 降水资料(时间间隔为 1 h 和 6 h)。

3.1.2 多普勒天气雷达识别边界层辐合线原理

多普勒天气雷达观测边界层辐合线主要包括冷锋、干线、阵风锋(出流边界)、海陆风环流形成的海风锋(或大湖附近形成的湖陆风辐合线)、圆滚状对流卷(convective rolls)以及其他类型的辐合线。

3.1.2.1 海风锋

海风锋属于大气边界层中尺度天气系统,它的垂直分布随着湿度、气压、气温的变化而变化。雷达发射的电磁波遇到海风锋后,由于折射而形成的弱窄带回波,它在雷达不同产品中表现出不同的特征。新一代天气雷达分辨率和灵敏度较高,探测弱回波能力较强,特别是天津滨海新区多普勒雷达的地理位置特殊,能够识别海风锋。多普勒天气雷达可以监测完整的海风锋过程,且渤海湾海风锋具有以下特点。

(1)基本反射率因子:低仰角(0.5°或 1.5°)的基本反射率因子产品上,渤海湾海风锋表现为强度弱、基本平行于渤海湾、移动缓慢的窄带回波。强度一般仅维持在 15~25 dBZ,最大强度一般不超过 35 dBZ,长度约为 100~300 km,宽度随着季节、天气背景场的变化而变化,通常只有 1~2 km,抬高仰角,窄带回波则减弱消失(这是由于海风锋是边界层的中尺度天气系统)。

(2)基本径向速度:低仰角(0.5°或 1.5°)的基本速度产品上,若海风锋形成于雷达站西侧,并远离雷达方向运动,在径向速度图上表现为正速度。若海风锋朝向雷达方向移动则表现为负速度。

一般条件下,满足上述 2 个特征则认为是渤海湾海风锋。

3.1.2.2 阵风锋(出流边界)

(1)雷暴出流边界的基本概念

阵风锋,也称雷暴出流边界层或外流边界(outflow boundary),是常见的中尺度边界之一,尤其是在暖季雷暴多发时期。它是由雷暴内降水拖曳和雨滴蒸发形成和加强的下沉气流到达地面后的辐散所导致的(图3.1中黑色粗实线)。由于雷暴下沉气流内环境干空气夹卷和云底干空气导致的雨滴蒸发,其下沉气流到达地面后形成冷空气堆(cold pool),不但冷堆的温度相对较低,其露点也较低,但一般相对湿度较高,冷堆相对于周边低层环境空气密度较大,在重力作用下向周边推进,称为出流(outflow)。因此,其前沿也就是冷堆与周围相对暖湿低层空气之间的边界就是出流边界,也称阵风锋。沿着出流边界或阵风锋一般有明显的风场辐合。

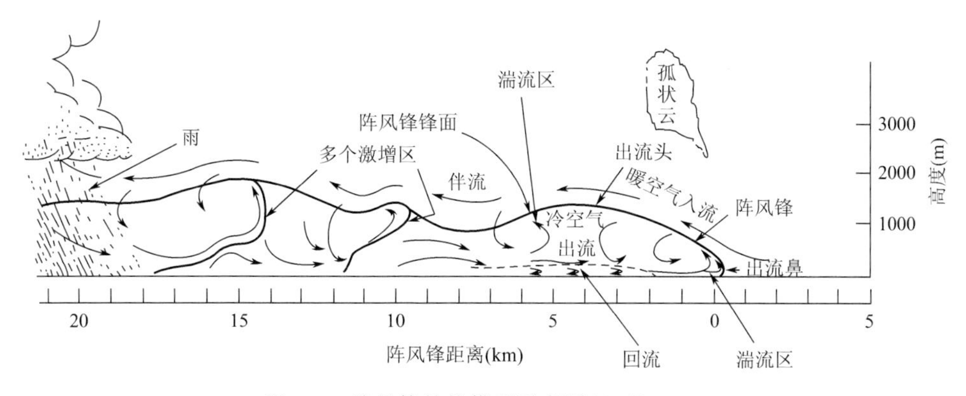

图3.1 阵风锋结构模型示意图(Goff,1976)

(2)阵风锋在天气雷达上的窄带回波形成机理

阵风锋在天气雷达回波上呈现为窄带回波的解释主要有两种:第一种是大气折射指数脉动导致的布拉格散射(Bragg scattering),第二种是由昆虫对雷达波的粒子散射(particle scattering)导致(Wilson et al.,1994)。王彦等(2006)提出不仅弓形回波产生大风,而且阵风锋也能带来短时大风天气,并分析了阵风锋的水平结构特征。席宝珠等(2015)系统总结了中国学者对阵风锋开展的相关研究,阐明了阵风锋的空间结构、类型及其特征,探讨了阵风锋窄带回波的形成机制,提出阵风锋的主观识别方法:使用雷达强度回波特征确定形态:在低仰角(0.5°和1.5°)回波图中,出现在强回波(回波强度≥40 dBZ)外围弧状或线状的弱窄带回波(回波强度<30 dBZ),并且该弱窄带回波脱离母风暴。陶岚等(2016)系统研究了上海地区移动型阵风锋,将移动型雷暴产生的阵风锋分为两类:一类出现在雷暴发展、成熟阶段,阵风锋通常与雷暴保持一定距离同向运动,出现阵风锋的雷暴主体通常伴有高悬的后侧入流急流,生命期超过2 h;另一类出现在雷暴的减弱、消亡阶段,出现后即逐渐远离雷暴,出现阵风锋的雷暴主体通常伴有从雷暴系统后侧倾斜向下正好到达雷暴前侧阵风锋处的后侧入流急流。徐芬等(2015)以江苏沿江的新一代天气雷达探测资料为主,系统普查了雷达反射率因子数据中的阵风锋总体特征和局部特征,研究了阵风锋弧长与移速的关系,统计了3种窄带回波分布特征和径向回波特征,在此基础上设计了阵风锋自动识别算法。徐芬等(2016)改进了之前的设计算法,设计了动态权重函数结合多组得分值,有效地识别了阵风锋回波。

(3)密度流

雷暴出流边界的行为常常类似于密度流(density currents),密度流也称为重力流(gravity currents)。雷暴出流相当于较冷(重)的空气浸在较暖(轻)的空气中产生的密度流。由于两种流体密度不同,在两种流体界面之间由于静力关系会产生由密度大的流体指向密度小的流体的水平梯度力,导致密度流。天气尺度锋面的行为一般与密度流有所不同,因为在天气尺度水平气压梯度力被科氏力基本抵消。另外,密度流前沿可以被看作是物质面,即气块不会穿过分隔不同密度流体的界面,而天气尺度锋面不能被看作是物质面。

3.1.2.3 干线

干线(drylines)概念源自美国(Fujita,1958;Rhea,1966;Schaefer,1974a;1974b;1986),是指美国南部大平原西部地区来自其西南部墨西哥高原地区的干暖空气和来自其东南部墨西哥湾的暖湿空气之间的边界。这类边界也被称为干锋(dry fronts)或露点锋(dew point fronts),干线是最流行的叫法。其主要特征是干线两侧露点或比湿的对比强烈,而温度差异远没有露点差异明显,通常白天午后干空气一侧温度略高于湿空气一侧温度,而夜间干空气一侧温度略低于湿空气一侧温度。干线是触发雷暴和强对流的主要天气系统之一(Rhea,1966;Schaefer,1986;Ziegler et al. ,1998;Thompson et al. ,2000),这也是国外众多学者研究干线的主要动机。

针对中国区域的干线研究极少。方祖亮等(2020)基于常规地面观测、高空观测和卫星雷达资料,对 2003—2017 年我国东北地区暖季(5—8 月)干线时空分布、气象要素等进行统计分析,研究发现,东北地区干线主要出现在东北平原和辽宁西部,这种空间分布特征与地形和海陆分布是密切相关的。由于渤海湾地区为东北平原内陆的重要水汽来源之一,而辽宁中西部尤其是辽河平原和辽西走廊紧邻渤海湾,水汽充沛,因此辽宁中西部干线频发,且愈向北,干线发生频次愈低。

3.1.2.4 水平对流卷

水平对流卷(horizontal convective rolls,HCRs)是大气边界层中一种基本的对流形态,其发生条件是太阳照射加热下垫面,形成热力混合层,逆温层以下大气边界层内大气温度层结近乎为中性层结,同时要求大气边界层中存在一定大小的风和垂直风切变(俞小鼎 等,2020)。关于水平对流卷产生的机理,有大量的理论和数值模拟研究,基本上将其产生机制归结为边界层中一种称为拐点不稳定(inflection-point instability,是指边界层风廓线如果出现拐点,将会导致一种动力不稳定)的动力不稳定或热力与动力不稳定的结合效应(Etling et al. ,1993;LeMone,1973;Young et al. ,2002;Weckwerth et al. ,1997)。

水平对流卷在基本反射率因子图上呈现一条条并排的窄带回波,其反射率因子大小在 5~20 dBZ,反映了 HCRs 的辐合上升部分。有时在水汽混合比(或露点)很低情况下,虽然有 HCRs 存在,但没有积云线形成,高分辨率可见光云图上看不到云街，可是雷达仍能够探测到并排的窄带回波，前提条件是大气边界层内有足够的昆虫，它们在水平对流卷之间的辐合上升气流中浓度相对集中，形成窄带回波。在水汽条件充分情况下，由水平对流卷导致的积云云街会发展比较旺盛，但一般不会自发展演变为雷暴，通常是边界层辐合线，雷暴出流边界与发展旺盛的积云云街相遇，将导致雷暴触发（俞小鼎 等，2020）。发展旺盛的积云云街往往意味着低层暖湿条件很好，遇到锋面或雷暴出流边界等抬升触发，容易有雷暴生成，因此是雷暴和强对流临近预报中的一个重要线索。

2002年，天津新一代多普勒天气雷达观测到的边界层辐合线主要包括海风锋、阵风锋、弱冷锋、干线、地形形成的弱窄带回波等，对边界层辐合线的观测分析和数值模拟研究也相继展开。王彦等（2006，2008）通过对比分析两部天气雷达资料（WSR/98D与WSR-81S），针对地形作用提出了多普勒天气雷达识别海风锋的技术方法；在此基础上，王彦等（2009）开展了海风锋与西风带天气系统相互作用触发局地强对流的中尺度天气演变规律。此外，王彦等（2011a；2011b）联合应用多普勒天气雷达、边界层气象铁塔和多要素自动气象站资料总结了海风锋触发强对流天气的时空分布规律，并探讨海风锋与不同类型边界层辐合线碰撞触发局地强对流的观测演变特征；王彦等（2014）结合高分辨率中尺度数值模拟方式揭示了渤海湾海风锋与阵风锋碰撞形成强对流天气的演变机制，解释了海风锋前部的辐合带、后部的冷湿气团以及雷暴区各物理量的特征。

3.2 海风锋的多普勒天气雷达多尺度时空分布特征

3.2.1 天津新旧两部天气雷达对比分析

2002年，天津新一代天气雷达系统建设完成后，曾有一段时间是新旧雷达同时运行，一部是新一代天气雷达（WSR-98D）位于天津滨海新区气象预警中心，另外一部是数字化天气雷达（WSR-81S）位于天津西青区气象局，两部雷达相距约65 km，这给新旧雷达对比分析提供了有利条件。对比分析两部雷达的异同点，比较新一代多普勒天气雷达探测的优越性，目前仅天津进行了两部雷达对比分析。

图3.2为两部天气雷达0.5°仰角最强时刻回波图，由图可以看出，WSR-98D探测云砧现象更加明显，云砧强度范围在15～25 dBZ，而WSR-81S基本探测不到，说明WSR-98D雷达对弱回波的探测能力明显优于WSR-81S雷达，而且WSR-98D雷达探测到的回波结构更加精细，这是由于WSR-98D的灵敏度、分辨率等均比WSR-81S要高很多的结果。表明WSR-98D明显提高了探测弱回波的能力。同时，在对陆地强对流天气的监测上，WSR-98D产品表现精细、自动化高，实效性强于WSR-81S。这对短时预警有很好的指导意义。同时WSR-98D能够提供同屏显示高、中、低不同仰角所得PPI产品的显示方式，这方便分析不同仰角的强度和速度产品配置情况，判断风暴的三维结构、环境风的垂直切变、上升气流强弱及回波演变的不同阶

段，有助于预测强对流的演变趋势。取 2002 年 5 月 10 日雷达资料，做速度矢图（由切变风矢组成的矢量图略），分析发现速度矢基本位于直线附近，这表明是多单体风暴结构，实况证明冰雹直径达 35 mm。而 WSR-81S 同样能够实现上述功能，但操作程序很复杂，这与强对流天气形成时间相比，时效性不佳。另外，在实际工作中利用两部雷达就一次过程同时进行观测，对比分析发现两部雷达最强回波强度基本相当。但 WSR-98D 雷达探测弱回波的能力更强、结构更精细，预报时效性强，这有利于预报员把握强对流天气的演变程度，做出较好的预测。

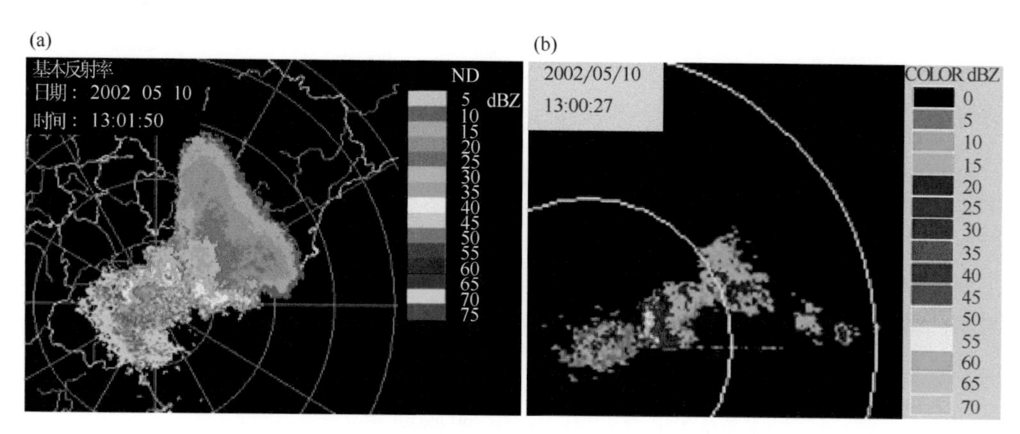

图 3.2　WSR-98D(a)与 WSR-81S(b)的强度回波图

2020 年 6 月 1 日傍晚，京津地区出现冰雹和雷暴大风等强对流天气，其中武清国家级自动气象站 19：15 左右观测到小冰雹和 27.7 m/s(10 级)的短时大风。天津 WSR-98D 多普勒天气雷达对此次过程进行了全程跟踪观测，结果表明：此次强对流天气因海风锋的存在而加强发展。对 WSR-98D 雷达强度回波连续演变资料（图 3.3），在 0.5°仰角的强度产品上可以看到：14:30 沿渤海湾形成的一条带状回波基本与海岸线平行，这条回波带沿着海岸线几乎呈准静止状态；至 16:00 带状回波宽度约

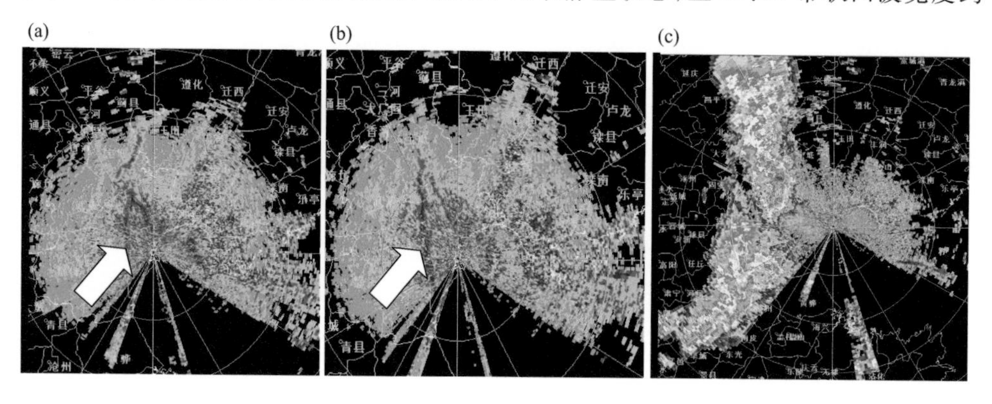

图 3.3　2020 年 6 月 1 日天津多普勒天气雷达 0.5°仰角基本反射率因子产品演变图

(a)15:36，(b)16:30，(c)19:24

10 km,距海已有 25 km,此时回波位于宝坻经市区至静海一线,回波高度始终在 1 km 以下的边界层内,强度维持在 15～25 dBZ。19:24 带状回波东移,其北段发展加强,造成武清等地风雹天气。

对比分析两部天气雷达,应用 WSR-98D 产品明显提高了对海风锋的监测预警能力,也为进一步研究海风锋提供依据。通过查阅国外文献,突破认识了天津滨海新区多普勒天气雷达具有探测渤海湾海风锋的能力,进而开展了之后一系列的研究工作。

3.2.2　海风锋的多尺度时空分布特征

基于天津新一代多普勒天气雷达观测到 2008—2011 年的渤海湾海风锋天气过程日资料、相应的自动气象站资料,统计分析了渤海湾海风锋的年、月、日变化特征,特别是渤海湾海风锋的出现时间、出现频率和与强对流天气的形成演变特征。结果表明:2008—2011 年 6—9 月雷达共观测到渤海湾海风锋日 160 次,其中 2008 年 56 次,2009 年 42 次,2010 年 24 次,2011 年 38 次。

图 3.4 至图 3.7 分别给出了 2008—2011 年 6—9 月每日雷达观测到海风锋的出现时间。从海风锋的逐月分布来看,在 2008—2011 年 6—9 月的 160 个个例中,6 月份天气雷达共观测有 40 个海风锋日,占 25%;7 月份 58 次,占 36%;8 月份 51 次,占 32%;9 月共探测到 11 次天气个例,占 7%,表明盛夏季节是海风锋活跃的季节。

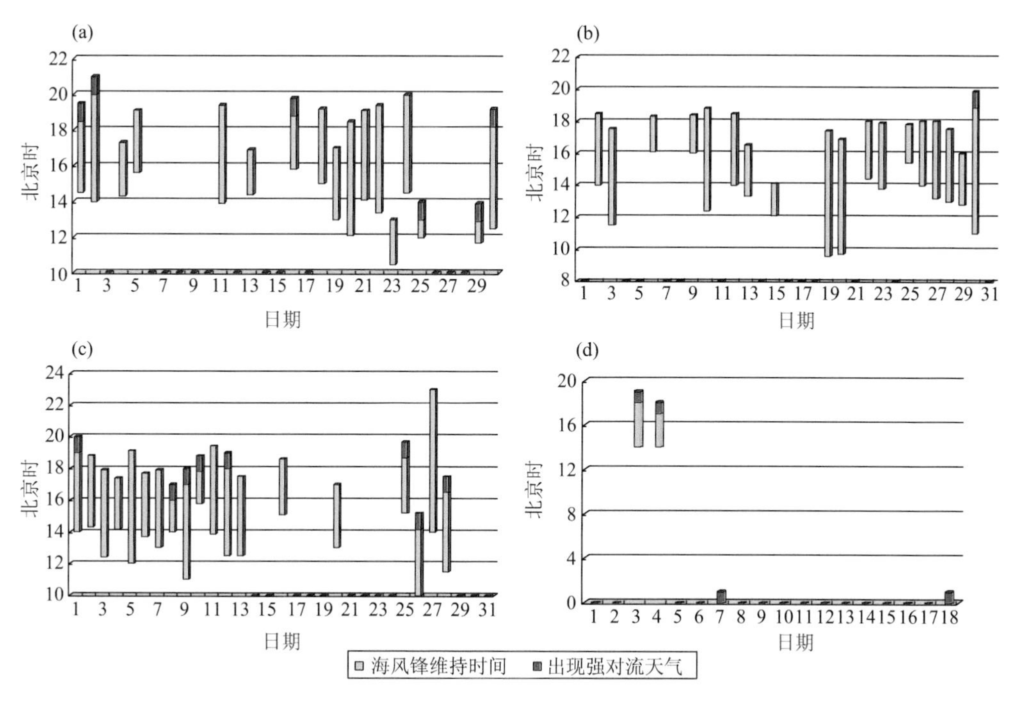

图 3.4　2008 年 6—9 月渤海湾海风锋特征与雷暴天气活动关系统计

(a)6 月,(b)7 月,(c)8 月,(d)9 月

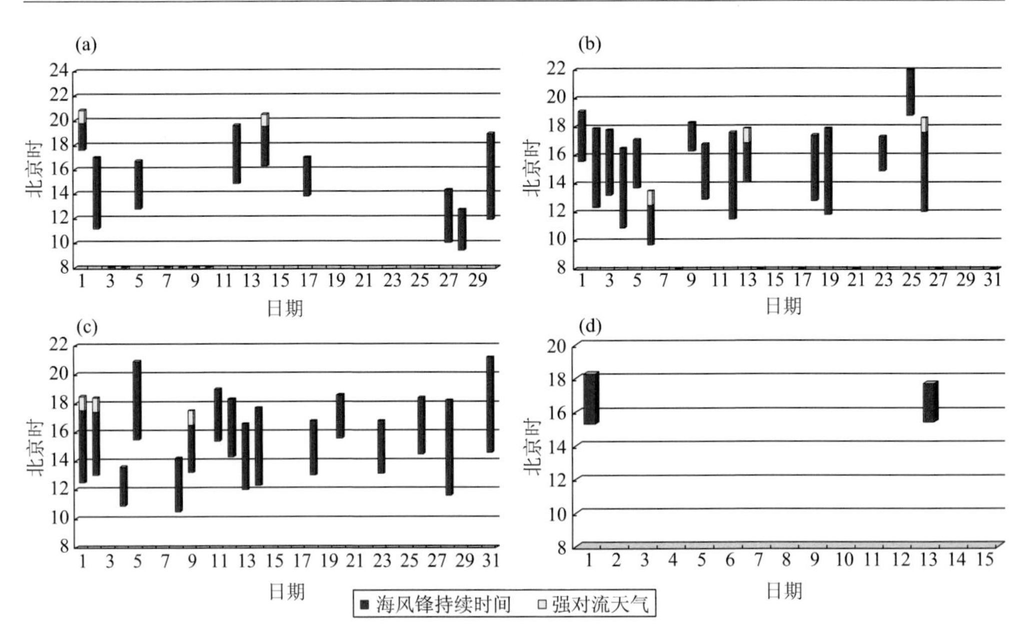

图 3.5　2009 年 6—9 月渤海湾海风锋特征与雷暴天气活动关系统计
(a)6 月,(b)7 月,(c)8 月,(d)9 月

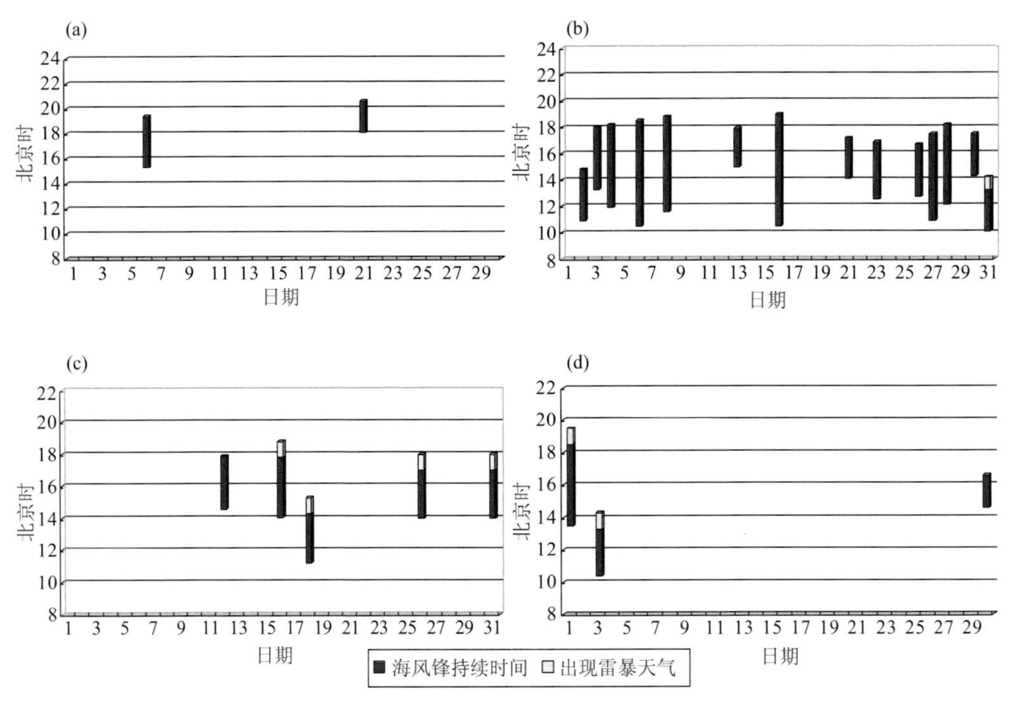

图 3.6　2010 年 6—9 月渤海湾海风锋特征与雷暴天气活动关系统计
(a)6 月,(b)7 月,(c)8 月,(d)9 月

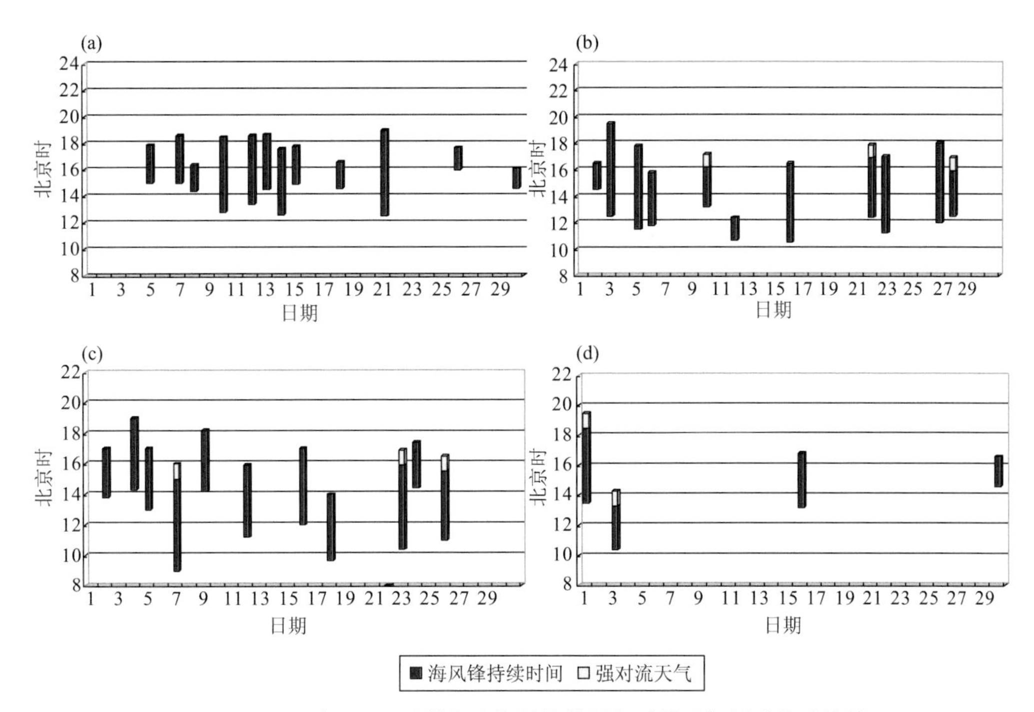

图 3.7　2011 年 6—9 月渤海湾海风锋特征与雷暴天气活动关系统计

(a)6 月,(b)7 月,(c)8 月,(d)9 月

海风锋在每日的形成时间有所不同,其中最早形成时间是 09:30(北京时,下同),最晚在 16:00,形成时间在 13:00—16:00 的最多。海风锋的维持时间也各有长短,最长维持时间为 9 h,最短的仅 1 h。海风锋伸展到内陆的一般距离为 70～80 km,最远距离达 120 km,高度一般为 1.5 km。

海风锋是天津沿海地区常见的中尺度系统,也是强对流天气的触发机制之一(图 3.4 至图 3.7)。在 2008 年 6—9 月的 56 次海风锋日中,出现强对流天气的有 17 次;2009 年 6—9 月的 42 次海风锋日中,出现强对流天气的有 8 次;触发强对流天气的海风锋,占总体的 25%;2010 年 6—9 月的 24 次海风锋日中,出现强对流天气的有 7 次;触发强对流天气的海风锋,占总体的 29%;2011 年 6—9 月的 38 次海风锋日中,出现强对流天气的有 8 次;触发强对流天气的海风锋,占总体的 21%。

海风锋与多种中尺度系统相遇碰撞,类型多,过程复杂。通过 2007—2018 年的多普勒天气雷达观测表明海风锋能够与阵风锋、城市热岛、冷锋、海风锋、对流系统等相互碰撞触发局地强对流天气,有 37%的雷暴天气是由海风锋和阵风锋碰撞形成的,所占比例最大(图 3.8a)。进一步统计分析阵风锋的移动方向可知,23.5%的阵风锋来自东北方向(图 3.8b),70.6%的阵风锋来自西北方向。

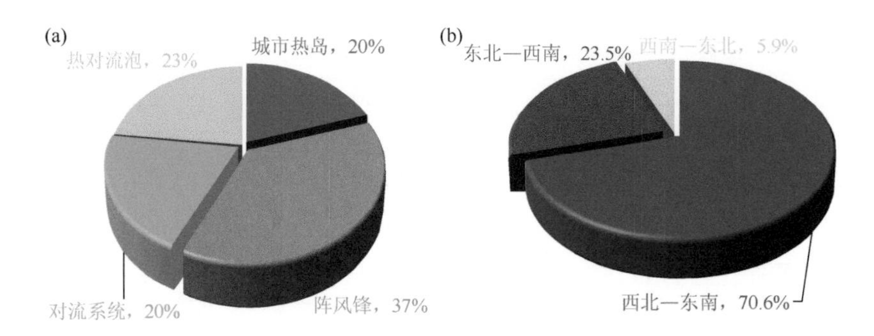

图 3.8　2007—2018 年 4—9 月渤海湾碰撞型海风锋类型(a)和阵风锋的移动方向分布情况(b)

3.3　阵风锋的多普勒天气雷达多尺度时空分布特征

雷暴出流边界或外流边界也称阵风锋，是最常见的对流触发条件(Wilson et al.,1986;Wilson et al.,1993;Wilson et al.,1997;Wilson et al.,2006;俞小鼎 等,2012),尤其是暖季雷暴多发期。基于天津新一代多普勒天气雷达资料，统计了 2008—2011 年阵风锋过程，如图 3.9 所示，包括 2008 年发生的 11 次阵风锋过程，2009 年发生的 9 次阵风锋过程，2010 和 2011 年分别发生的 8 次阵风锋过程，共计

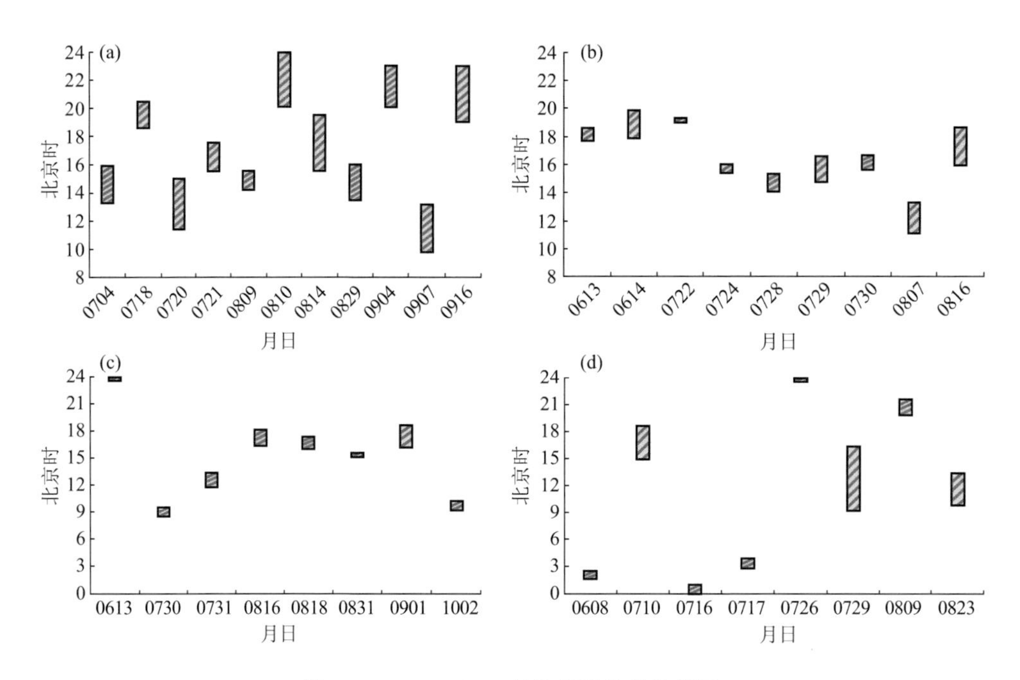

图 3.9　2008—2011 年阵风锋的统计特征
(a)2008 年,(b)2009 年,(c)2010 年,(d)2011 年

36次。统计表明，阵风锋的基本反射率因子雷达回波特征一般在10～25 dBZ，统计的过程中多出现在回波主体的前侧，阵风锋持续时间从20 min到3 h，有些阵风锋过程在雷达1.5°基本反射率因子中仍然可见，有些阵风锋过程在雷达0.5°径向速度表现出来。根据雷达估测的阵风锋高度在0.1～2.0 km。

阵风锋在径向速度中表现得不明显，36次过程中有11次在径向速度中表现出来，在速度图上的速度在－1～－10 m/s，其数值可能随着高度的增加而增加，同基本反射率因子表现的一样，是一条窄带。如图3.10所示，图中列出了两次过程中基本反射率因子和径向速度的对比图，图中阵风锋在径向速度图中清晰可见。2009年6月13日阵风锋的径向速度在0.7 km(箭头所示处)以上则表现出正速度或混合速度，0.7 km以下表现出向着雷达的负速度。2009年6月14日是阵风锋和海风锋相互碰撞激发的一次雷暴天气过程，径向速度图中不仅能够表现出向着雷达的阵风锋，也能够表现出远离雷达移向的海风锋。

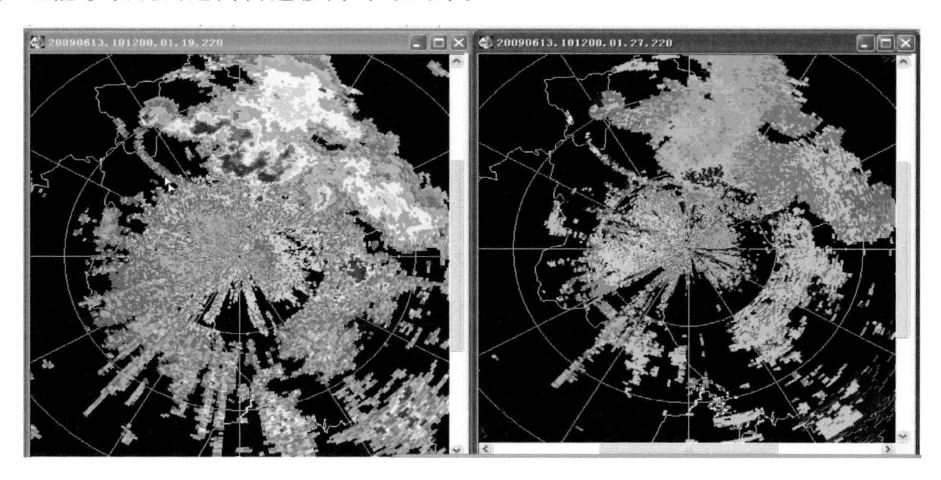

图3.10　2009年6月13日和14日雷达基本反射率因子和径向速度图

阵风锋伴随着雷暴同时出现，雷暴形成的初期往往与阵风锋相切，在脱离了回波主体30～50 km内仍然维持，远离阵风锋的回波主体减弱并逐渐消亡，阵风锋在雷暴移动的过程中也能够触发新的雷暴生成。何娜等(2020)利用多普勒天气雷达及京津冀地区自动气象站观测资料对2006—2015年暖季(5—9月)北京及周边地区阵风锋过程进行统计分析，结果表明，346次阵风锋过程有232次触发对流，占总数的67%，表明阵风锋对雷暴具有较强的抬升触发能力。后面将进行详细分析。

3.4　阵风锋触发对流的边界层结构观测特征

3.4.1　京津冀地区典型阵风锋个例分析

2016年6月10日傍晚，京津冀地区出现大范围雷暴大风天气，17个国家级自动站出现 17.0 m/s 以上的灾害性大风，最大风速出现在河北黄骅，达到 24.9 m/s。此外，6 个国家级自动站观测到冰雹，过程最大降水量出现在天津滨海新区太平镇，为 75.6 mm，最大小时雨强出现在天津滨海新区海河防潮闸，为 55.9 mm/h。大风和冰雹给天津滨海新区带来严重经济损失，特别是滨海新区茶淀街葡萄种植业遭受严重损害，受灾面积达 367 hm^2。

3.4.1.1 多普勒天气雷达回波演变特征

2016 年 6 月 10 日下午，北京及河北北部多个风暴单体在东南移动过程中发展形成弓形回波(图 3.11a)，自西北向东南影响京津冀地区。强回波中心位于地面中尺度辐合线南侧，18:00 组织形成嵌入型线状系统(EL，Embedded Line，Zheng et al，2013)，线状对流系统强回波中心不断增强，至 19:00 移至天津东部—河北东北部一带，其强度仍持续增强，强风暴单体造成天津东部及河北大部灾害性大风。

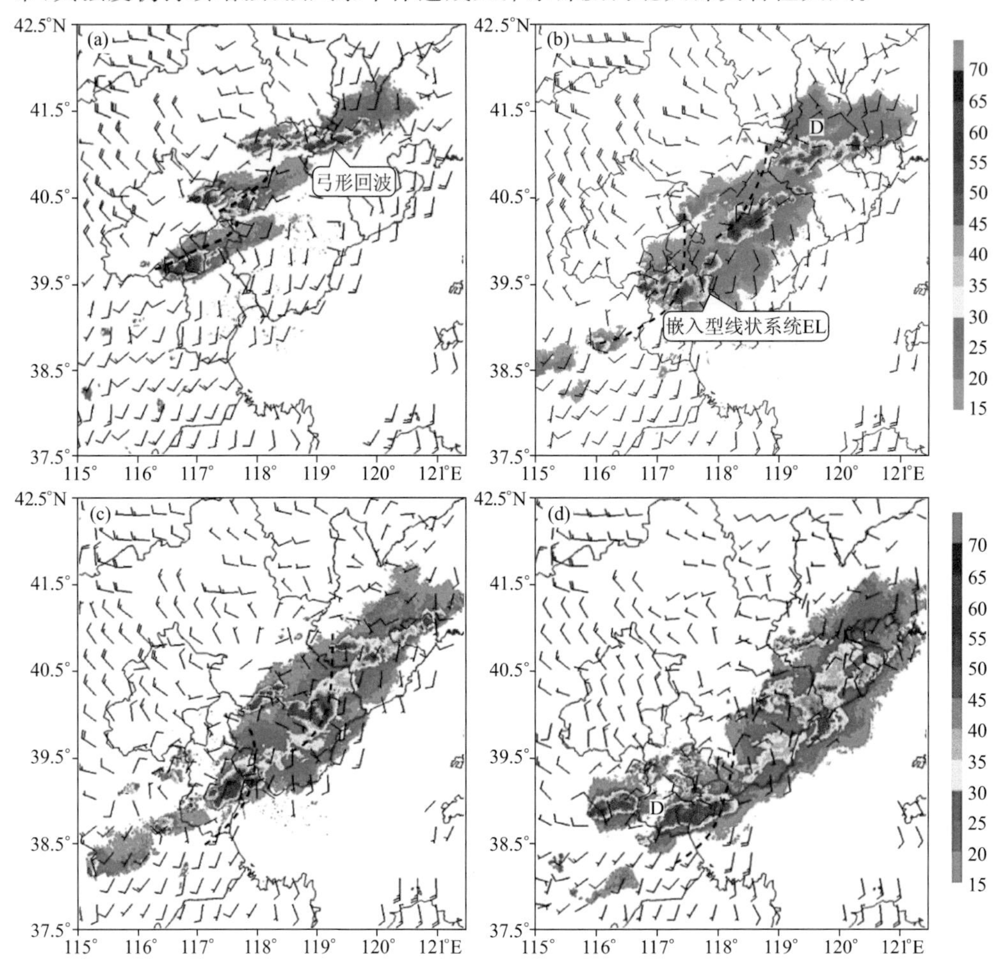

图 3.11 2016 年 6 月 10 日对流系统的组合反射率因子和地面风场演变

(黑色虚线为地面中尺度辐合线；(a)16:30，(b)18:00(c)19:00，(d)20:00)

3.4.1.2 风廓线雷达特征

通过风廓线雷达高时空分辨率资料可详细分析边界层风场信息，所用风廓线资料均进行了质量控制处理，主要进行了极值、时间一致性、空间一致性检验。由于在有降水的情况下，风廓线雷达测得的垂直速度是空气和雨滴两者垂直运动之和(阮征 等，2002；马建立 等，2015)，本次过程所用风廓线垂直速度均未选取降水时段进行研究，故未对所用风廓线垂直速度进行订正(图 3.12)。

北京海淀站于 10 日 14:48 在 390～1230 m 的边界层出现扰动辐合(图略)，510～1230 m 东北风风速骤增至 21.3～32.5 m/s，为整个过程最大风速，对应此时雷达径向速度图上 17 m/s 的大风核，4 min 后海淀站出现 14.7 m/s 的东北瞬时大风。随后扰动辐合不断向上传播，15:24 西北风与西南风的辐合已上传至 2500～3500 m 的对流层低层。17:30 在 270～870 m 的边界层开始出现 16 m/s 以上的边界层强风，17:48 加强至 20 m/s 以上，强风速中心对应强垂直上升速度中心。18:30 开始 870 m 以下转为下沉气流，但此时下沉速度仅为 0.1 m/s，至 19:42 边界层整层均为下沉气流，且强度迅速增强，19:48 在 1.1 km 附近下沉速度达到最大值 0.9 m/s，6 min 后灾害性大风及地，北京门头沟站出现 21.6 m/s 的大风。

天津宝坻站降水前约 6 h 的 10:24，1200～1560 m 的边界层和 2880～3240 m 的对流层低层存在双层低空急流，且边界层急流强度强于低空急流(图略)，13:00 两支急流合并位于 1560 m 高度以上，14:54—16:36，2400 m 高度附近西南急流加强至 16 m/s 以上。此时对流层中低层以上升运动为主，16:00 在 480 m 高度出现过程最强上升运动，为 0.7 m/s。16:36 开始 3600 m 高度以上偏西风逐渐转为西北风，且西北风不断下传。16:54，240 m 以下的近地层出现偏北风扰动辐合，且 60 m 高度全风速迅速增强，17:12 增至 12.3 m/s，此时宝坻本站出现 11.3 m/s 的西风瞬时极大风，17:18 开始近地层转为西南风控制，且先后在边界层出现多次扰动辐合。

阵风锋过境前，天津西青站边界层为西南气流控制，边界层内水平风速和垂直速度明显弱于其他各站。注意到西青站于 18:23 出现 17.0 m/s 的东北瞬时大风，而此时近地层依旧为西南风，结合低仰角基本反射率因子可知，其瞬时大风是由于雷暴前沿阵风锋所致，因此，在短临预报中关注对流回波的同时，也应充分关注其前沿阵风锋的动态。

河北廊坊站 10 日 16:12 开始 900 m 以下边界层由西南风转为西北风，16:30 开始 2160 m 以上的对流层低层出现扰动辐合，随后西北风下传至 1200 m 的边界层，而此时 1 km 以下边界层再次顺转为西南风。17:00 仅 3 km 以上风速超过 12 m/s，最大下沉速度出现在 840 m，为 0.6 m/s(廊坊站 17:00 后未出现降水)。至 17:30，12 m/s 以上的急流核下传至 1200 m 高度，17:35 廊坊站出现 19.0 m/s 的瞬时大风。

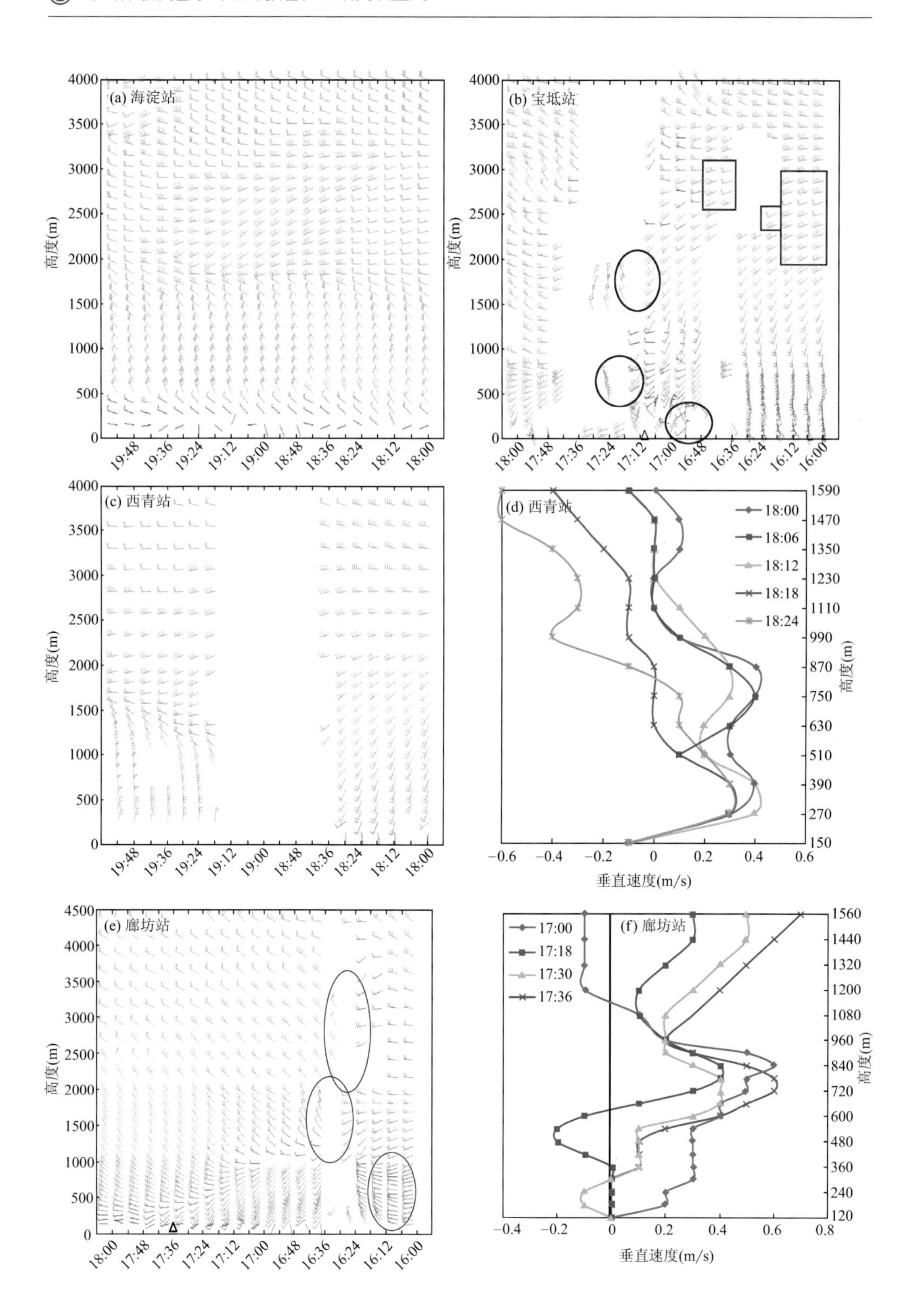

(a) 海淀站
高度(m)
(b) 宝坻站
(c) 西青站
(d) 西青站
18:00
18:06
18:12
18:18
18:24
垂直速度(m/s)
(e) 廊坊站
(f) 廊坊站
17:00
17:18
17:30
17:36

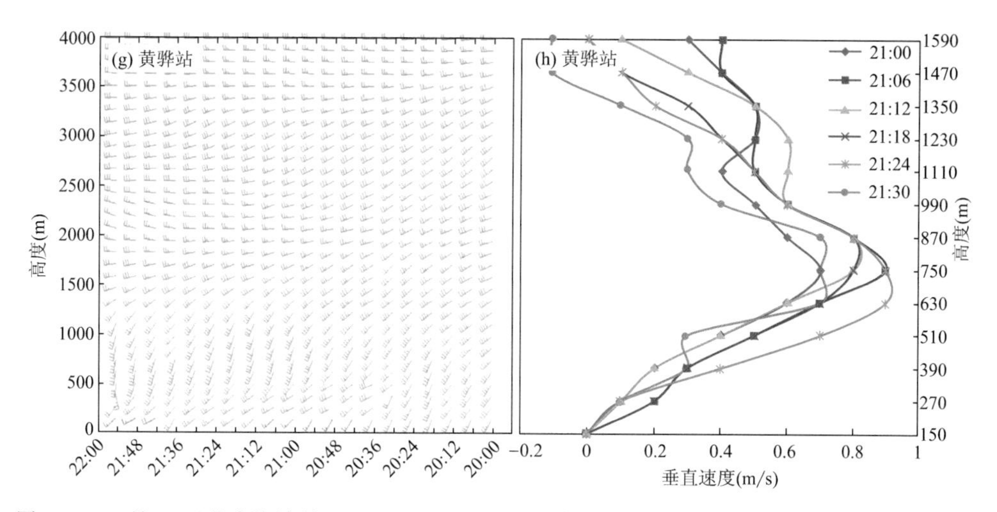

图 3.12 6月10日北京海淀站(18:00—20:00)4000 m 高度(a)、天津宝坻站(16:00—18:00)4000 m 高度(b)、天津西青站(18:00—20:00)4000 m 高度(c)、垂直速度廓线(d),河北廊坊站(16:00—18:00) 4500 m 高度(e)、垂直速度廓线(f),黄骅站(20:00—22:00)4000 m 高度(g)、垂直速度廓线(h)

强对流单体接近河北黄骅前的 20:00 前后,风场最大特征是存在强边界层西南急流,且急流强度不断增强,20:12,510～750 m 西南风风速超过 16 m/s。20:18,750～1350 m 首先出现西北风与西南风扰动辐合,且西北风对应强下沉运动,20:24 西北风风速最大达 32.1 m/s,20:51,位于黄骅上游西北方向 45 km 的河北青县出现 26 m/s 的西北大风。21:00 随着强回波逐渐接近黄骅,630 m 以下边界层顺转为东北风,21:24,1.1 km 以下为下沉运动,最强出现在 630 m,达到 0.9 m/s,对流层低层为弱上升运动,21:28 黄骅出现 24.9 m/s 的东北大风。21:42,870 m 以下偏北风风速超过 16 m/s,此时距离黄骅南部 20 km 的孟村出现 21.0 m/s 的偏北风雷暴大风(表 3.3)。

表 3.3 京津冀代表站灾害性大风特征表

灾害性大风成因	强冷空气		风暴单体		阵风锋	
灾害性大风代表站	门头沟	石景山	廊坊	黄骅	大港	西青
灾害性大风强度(m/s)	21.6	18.7	19.0	24.9	19.0	17.0
灾害性大风出现时间	19:54	19:40	17:35	21:28	19:36	18:23
边界层最大下沉速度(m/s)	0.9	0.1	0.6	0.9	0.5	0.4
最大下沉速度所在高度(m)	1110	510	840	630	750	270
最大下沉速度出现时间	19:48	19:36	17:00	21:24	19:30	18:12

3.4.1.3 阵风锋的边界层结构特征

天津边界层气象铁塔记录了这次大风过程边界层气象要素变化，所用气象要素资料均为逐分钟资料，资料质量总体较好（图 3.13）。阵风锋影响前塔层整层为偏南风，风速不超过 5.5 m/s。18:15 在 20 m 和 120 m 高度首先转为西北风（图 3.13a）；18:19 开始 10 m 以下近地层转为偏北风，随后偏北风高度迅速抬升；18:24 塔层整层转为偏北风，40 m 以下全风速迅速增大，30 m 高度风速达 8.5 m/s；18:25，30 m 和 60 m 高度分别出现最强降温中心和最大全风速变化率，分别为 3.1 ℃/min 和 7.2 m/(s · min)。随后大风核不断抬升，18:30 地面出现 8.1 m/s 的瞬时极大风，而

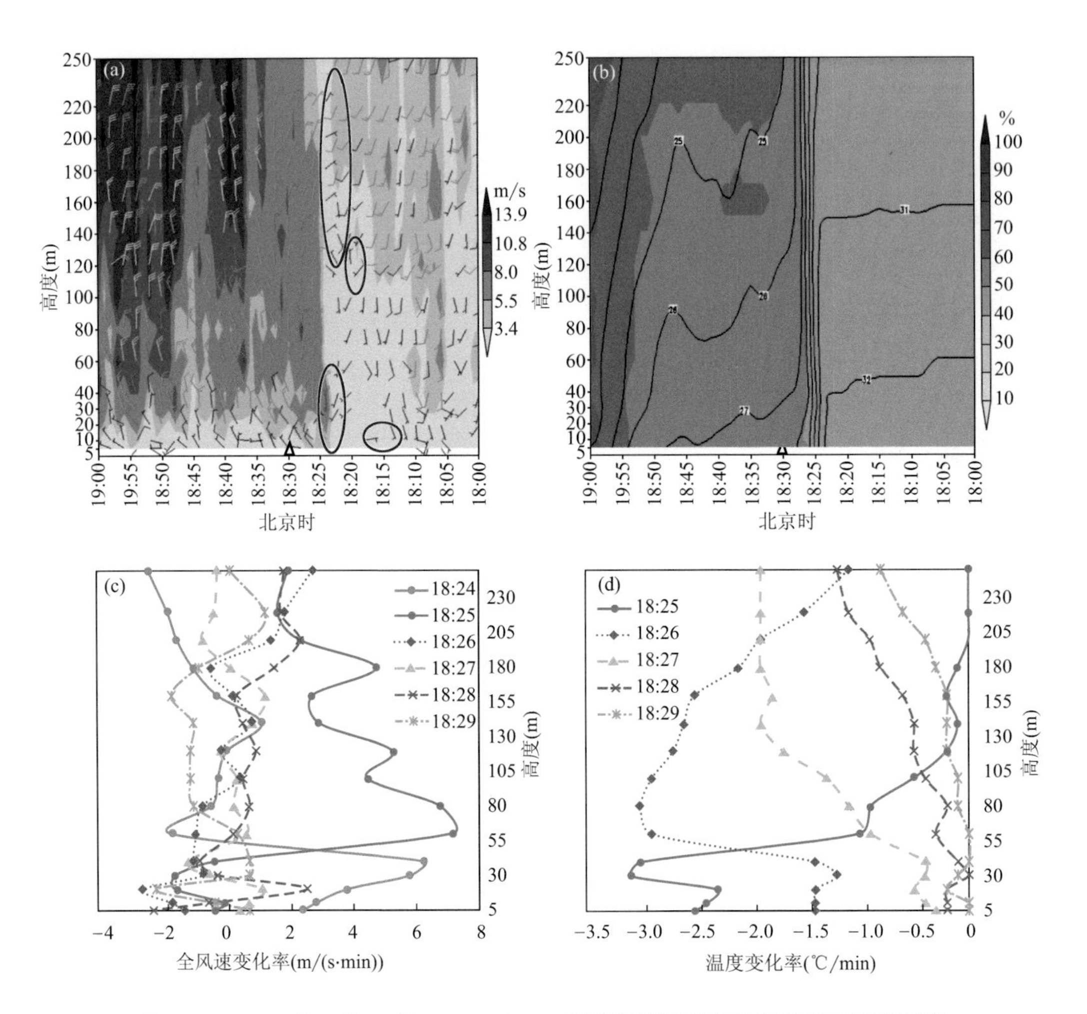

图 3.13 2016 年 6 月 10 日 18:00—19:00 天津铁塔逐分钟各气象要素时空演变
(a)阴影区：全风速，风向杆时间间隔：2 min，棕色椭圆为扰动辐合，
(b)阴影区：相对湿度，等值线：温度（单位：℃），“△”表示出现极大风速时刻，
(c)阵风锋过境时全风速变化率，(d)阵风锋过境时温度变化率

此时塔层底层风速减小，60 m 以上的塔层中高层风速增大，18:39 在 220 m 高度风速达到 15.5 m/s。18:25—18:29 的短短 4 min 内等温线不仅梯度大，而且几乎垂直于时间轴。

3.4.2 陕西地区典型阵风锋个例

2004 年 7 月 18 日下午，陕西北部的雷雨大风天气出现的阵风锋，在其前部出现了一弧状对流云。西部雷雨大风天气形成的另一个阵风锋也出现在强回波前部，弧状回波非常明显。阵风锋给这一地区带来比较强的阵风天气。西安 CINRAD/CB 新一代天气雷达监测了此次天气过程（刘勇 等，2007）。阵风锋的宽度为 2～3 km，水平尺度 10 km，强度为 10～15 dBZ，呈弧状（图 3.14）。

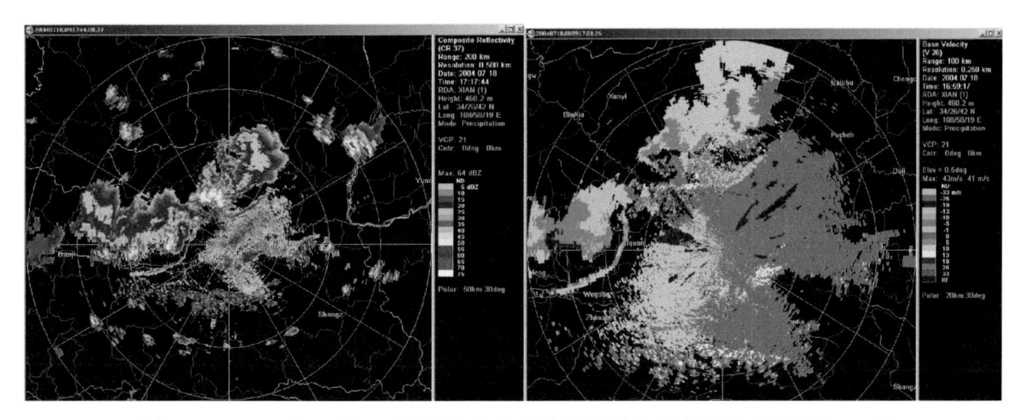

图 3.14 2004 年 7 月 18 日西安市多普勒天气雷达基本反射率因子和 0.5°仰角径向速度图（刘勇 等，2007）

3.5 阵风锋触发对流的机理特征

对流触发（Convection Initiation，CI）是指空气粒子获得和维持正浮力后被抬升到自由对流高度之上，并最终形成深对流云团的过程（Markowski et al.，2007）。在新形成的对流云团中雷达回波强度达到≥35 dBZ 时就被认为 CI 发生了（Wilson et al.，1986；Mahoney，1988；Weckwerth et al.，2006；Harrison et al.，2009）。到目前为止，虽然学者们对对流系统的认识取得了很大的进展，但相对而言，对 CI 的认识仍然有限，同时 CI 也是预报效果上薄弱一环（Lock et al.，2014）。Clark 等（2014）也指出，对流风暴预报的最大挑战是在于预报出新形成的对流单体。

Lock 和 Houston（2014）针对 2005—2007 年发生在美国中部的 55000 个 CI 事件进行研究，计算并分析多个关于 CI 的热力和动力因子后发现浮力、抑制、稀释（dilution）和抬升是决定 CI 最重要的四个因素。他们还指出，虽然这四个因素中没有哪个因素能够独立成为判断CI是否发生的判断因子，但其中抬升因素是帮助辨别是否出现CI最常见的因素。与此结论相同的是，抬升因素在Markowski(2007)所描述的CI有关四个基本机制中也显得至关重要。这四个机制包括：(1)辐合边界（如：锋面，雷暴出流边界，干线，以及海/陆风锋等）导致的抬升机制；(2)山丘地形的强迫抬升机制；(3)水平方向上辐射加热不均匀（如：云—晴空边界、斜坡与平直地形边界等处的受热不均匀）导致的局地环流的抬升机制；(4)重力波的强迫抬升机制。其中辐合边界导致的抬升机制是最常见的一种机制。

辐合边界带（Convergent Boundary Zones，CBZs）具有较明显的风向和（或）风速变化的特征，且伴随着低层的辐合及其对应的挤压抬升作用（Karan et al.，2009）。因此，当两个或多个CBZs碰撞或合并时，较容易触发对流，并且使对流进一步发展。比如，Wilson等(1986)发现，他们观测的418个对流发生发展个例中71%的部分是由于CBZs的碰撞导致的。同样，Purdom等(1982)也指出，影响美国东南部的对流风暴中73%是因为碰撞作用导致的。CBZs的碰撞还能导致空气污染物的抬升及扩散（Leon et al.，2001；Raman et al.，2002；Verma et al.，2006；2016）。因为CBZs的碰撞可以较高概率地导致CI、对流风暴/云团的合并、大气涌潮（atmospheric bores）的形成等，引起了不少学者对它的关注（Kingsmill et al.，2003）。

本节利用中尺度WRF数值模拟对2016年6月10日发生在京津冀地区的强对流天气过程进行了数值模拟，结合观测资料对模拟结果进行了验证，利用模式输出的高分辨率资料对该过程中阵风锋（出流边界）附近形成的对流触发成因进行了热力和动力诊断分析，得到以下结果。

(1)本次过程阵风锋附近不断有多个对流单体形成并增强合并到其后方的对流系统，从而维持和加强对流系统，并给京津冀地区带来短时强降水、冰雹和大风等灾害。在阵风锋附近形成的对流单体中绝大部分空气粒子在对流触发前45 min内来自于边界层以上的自由大气中，因此这类对流属于“高架对流”（图3.15、图3.16）。

(2)本次过程触发的对流主要是因为动力加速度占主导作用提供垂直加速度所导致，并且在对流触发前大约10 min时间内的空气粒子快速抬升过程中，动力加速度中的垂直扭转作用起到决定性作用（图3.17）。

(3)通过观测分析和中尺度数值模拟结果表明，在阵风锋前沿的向前倾斜的上升气流和来自阵风锋前方的另一支气流在阵风锋上方附近辐合，并受到垂直风切变的影响形成了垂直扭转现象，在此基础上构建阵风锋触发对流概念模型（图3.18）。以上应用一个个例对阵风锋的边界层结构及其触发对流机理进行了分析研究，以后随着个例的增加再进行细致的分析研究。

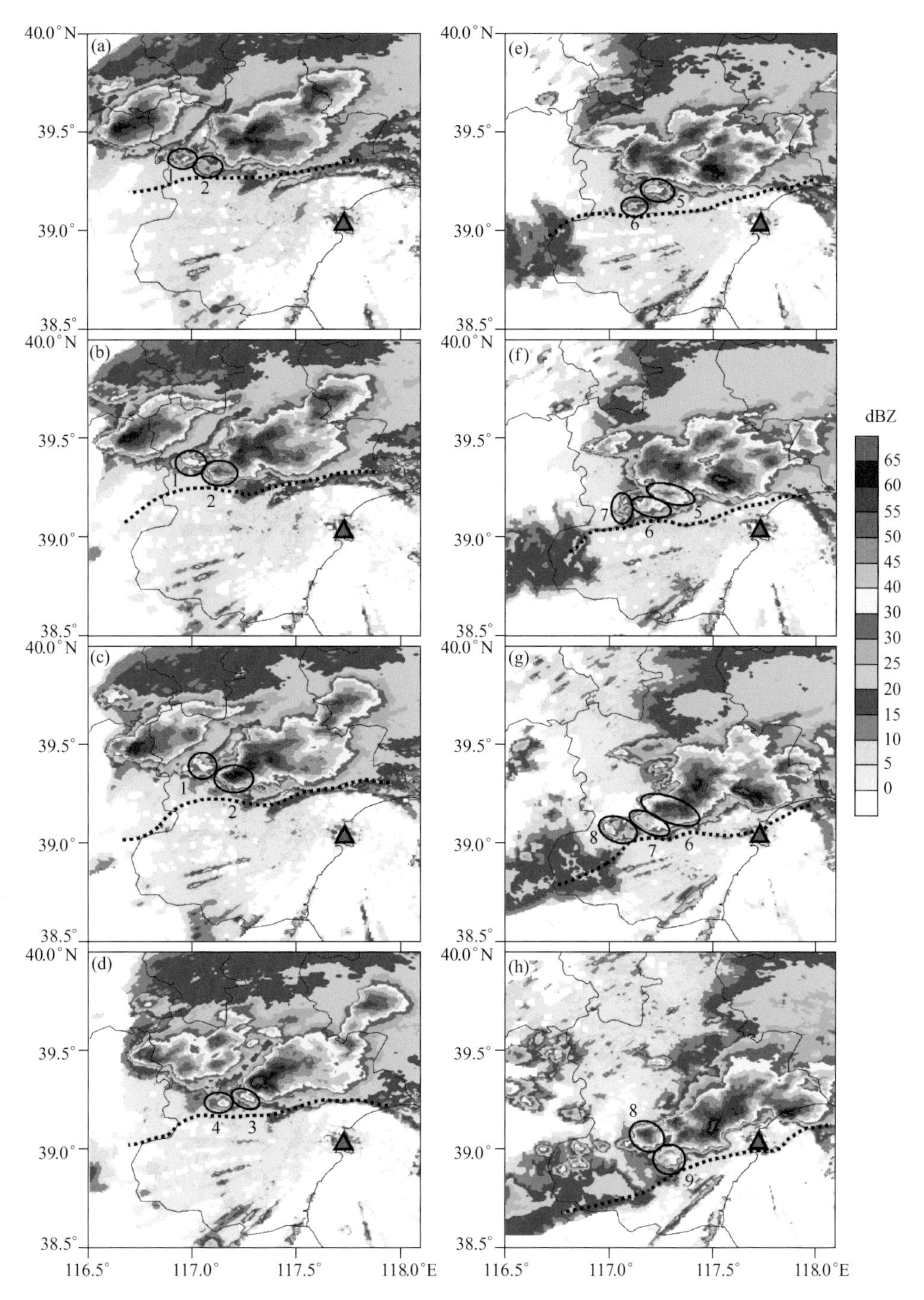

图 3.15　2016 年 6 月 10 日天津多普勒天气雷达(位于带黑色边缘的红色三角形符号所在位置)观测得到的组合发射率(填色)(a)09:36,(b)09:42,(c)09:48,(d)10:00,(e)10:18,(f)10:24,(g)10:36,(h)10:54UTC(黑色点线表示阵风锋所在的位置,黑色椭圆表示在阵风锋附近形成的对流(带数字编号))

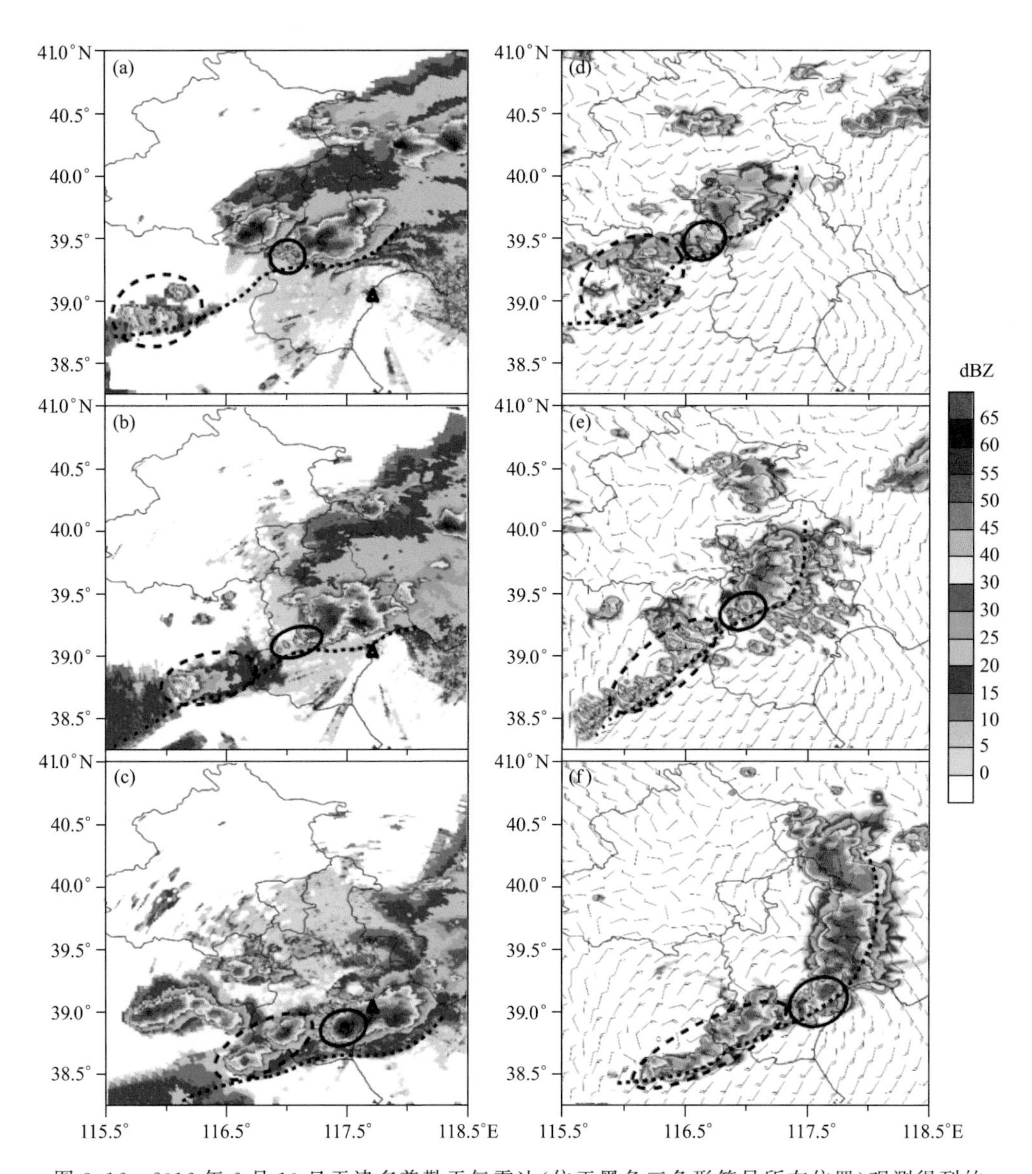

图 3.16　2016 年 6 月 10 日天津多普勒天气雷达(位于黑色三角形符号所在位置)观测得到的组合发射率(填色) (a)09:36,(b)10:30,(c)11:36UTC;模拟的组合反射率(填色)和 10 m 高度风场(风羽) (d)07:45,(e)08:18,(f)09:09 UTC(黑色点线表示阵风锋所在的位置,黑色实线和虚线椭圆表示在阵风锋附近形成并发展壮大的对流单体)

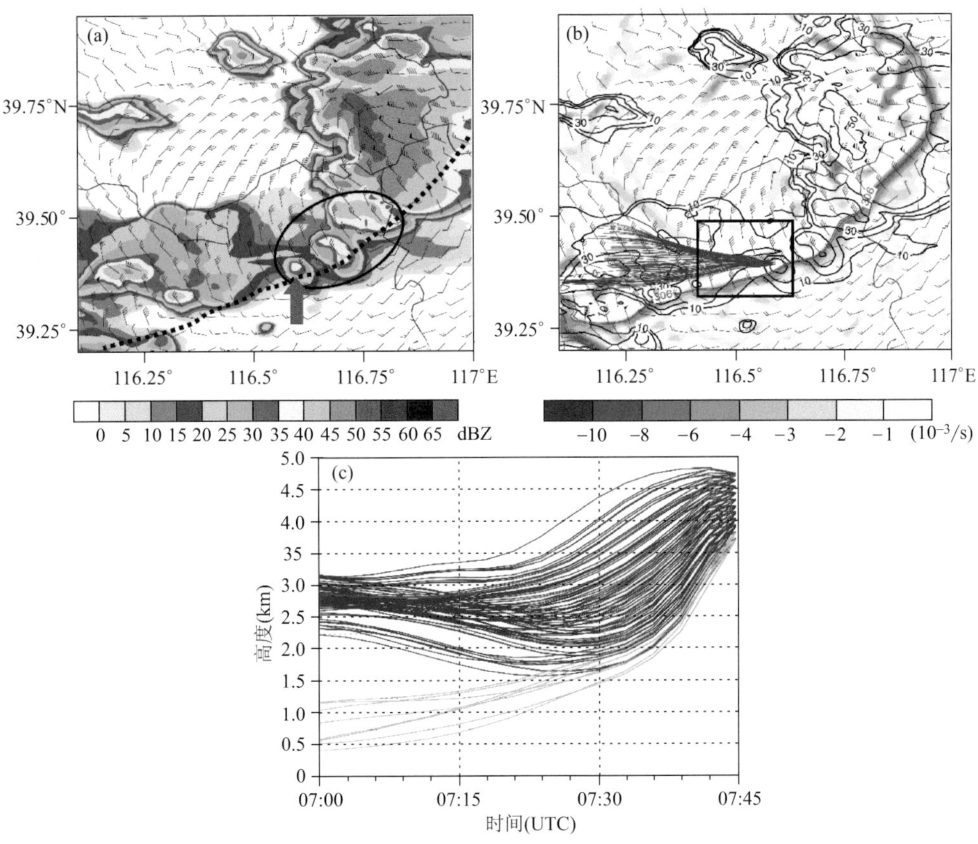

图 3.17 (a)07:45 UTC 模拟的组合反射率(填色)和 10 m 高度风场(风羽),黑色点线表示阵风锋所在的位置,红色箭头表示选取的代表性对流单体;(b)与(a)同一时刻的组合反射率(黑色实线,线条间隔值:10,单位:dBZ)和代表性对流单体出现对流触发时(即 07:45 UTC)开始计算的后向轨迹(投影到地面,蓝色(来自边界层以上)和绿色(来自边界层内)实线),100 m 高度上的散度场(灰色阴影)和 100 高度风场(风羽);(c)代表性对流单体中对流触发时开始计算的后向轨迹高度(蓝色表示来自边界层以上的空气粒子,绿色表示来自边界层内的空气粒子)

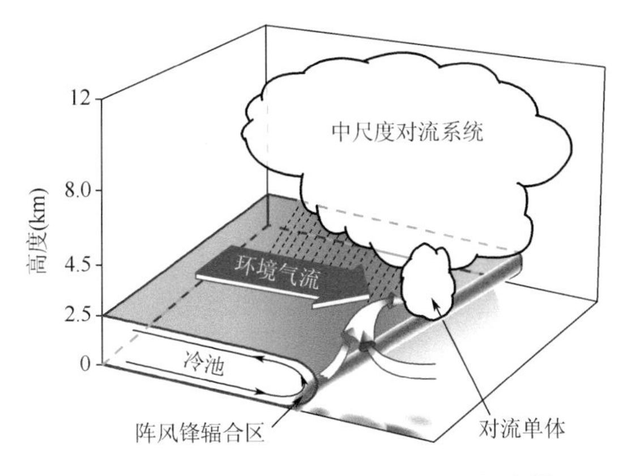

图 3.18 阵风锋附近触发对流机理概念模型

3.6 海风锋的雷达与自动站观测资料的融合分析

海风锋作为沿海地区最常见的边界层辐合线之一,朱抱真(1995)对台湾地区海风锋气候特征的研究是我国关于海风锋最早的研究工作,我国较大规模针对海风锋的野外观测是从20世纪70年代中后期开始的。北京大学地球物理系对辽宁省锦西县(现葫芦岛市)的海风锋特征进行观测研究(北京大学大气湍流和扩散科研组,1979)。1983—1984年天津气象科学研究所的于恩洪等对渤海湾地区的海风锋进行了5次野外观测(于恩洪 等,1987)。这两次大规模的海风锋野外观测试验提高了国内学者对海风锋结构和特征的认识,同时也对国内海风锋观测研究奠定了一定基础。

随着新一代多普勒天气雷达的广泛应用,海风锋的观测研究得到进一步发展。王彦等(2006)最先综合应用天津新一代天气雷达和自动气象站资料统计分析了渤海湾地区海风锋的特征,结果表明:渤海湾海风锋在低仰角基本发射率产品中表现为平行于渤海湾的窄带弱回波,强度一般仅维持在15～25 dBZ,长度约为100～300 km,宽度随着季节、天气背景场的变化而变化;移动速度缓慢,基本维持在10～15 km/h。进一步研究渤海湾海风锋与强对流天气形成、发展和消散过程演变特征,发现单一边界层辐合线一般不能形成大范围雷暴天气,两条以上边界层辐合线之间碰撞,一般在碰撞交叉处能够形成强对流天气;若已存在强对流天气,则强对流天气将加强。

渤海湾海风锋的自动气象站特征。当海风锋经过时,自动气象站风向一般由偏北风或者西南风转为东南风;气温呈现降低的趋势,降低的幅度是由海风锋的强度决定的;同时湿度增加。对比发现两种资料获取海风锋的起始生消时间有所不同,具体为:它们探测到的海风锋起始时间基本是同步的,但是探测海风锋的消失时间有所不同,雷达探测海风锋的消失时间早于自动气象站资料的消失时间。这时由于雷达波束随距离的增加而增高,对低层的海风锋信息探测不到了,而自动气象站还能继续探测海风锋的特征。诊断分析表明,海风锋前沿与0～3 km垂直风切变梯度密集区相互对应,同时也与露点温度梯度密集区大致吻合。这与卢焕珍等(2008)统计分析的结果基本吻合,雷达探测到的海陆风辐合线可以推进到距海岸线70～80 km,甚至120 km以上的距离。自动站资料表明,边界层辐合线附近表现出明显的风向辐合,温度和露点温度梯度较大的特征,构成一个浅薄的锋面。

3.7 海风锋与阵风锋的异同点

阵风锋和海风锋在多普勒天气雷达产品中的特征都表现为弱窄带回波(边界层辐合线),有以下相同点:(1)两者在0.5°或1.5° PPI的雷达基本反射率因子产品特征中均表现为强度在15～25 dBZ、宽度一般为3～10 km的弱窄带回波。(2)两者与其他弱窄带回波呈一定角度碰撞时，在合适的层结状态和水汽条件下，在碰撞交叉处，能够形成强对流天气。

上述两者之间又有若干不同之处，具体为：(1)两者带来的气象要素变化有差异。海风锋经过时，气温降低，湿度增加，风向一般由偏北风或者西南风转为东南风；而阵风锋经过时，它的显著特征是风速突增，气温骤降和湿度降低的过程。(2)移动路径有所不同。海风锋形成后，一般沿渤海湾向内陆缓慢推进，而阵风锋基本与雷暴主体的移动方向一致。(3)两者形成的机制有差异。海风锋是由于海陆温差不同形成的；而阵风锋是雷暴的下沉气流到达地面向四周扩散气流的前缘带。

3.8 典型个例

3.8.1 渤海湾阵风锋与干线触发强对流天气

2014年8月16日夜间渤海湾出现分散性暴雨，虽然此次过程历时短，影响范围小，但降水的分布具有明显的不均匀性(存在两个降水中心)，各个降水中心的对流云团的触发和加强机制复杂多样，先后受到露点锋(干线)、阵风锋、中尺度急流以及中尺度辐合中心等多种中尺度系统触发，为进一步研究中尺度对流系统的发生发展机理，本章节将利用地面加密自动站、天津铁塔风场资料、多普勒雷达以及VDRAS等资料对与各降水中心相对应的中尺度触发加强机制进行分析(张楠等，2018)。

3.8.1.1 露点锋(干线)触发

图3.19给出了2014年8月16日20:00—17日02:00天津铁塔边界层风场矢量(单位：m/s)的时间-高度剖面图，如图所示，此次过程中，在16日23:00之前，天津地区边界层始终维持偏东风控制，23:00前后，天津西南方向有回波发展(图略)，降水的拖曳作用产生下沉气流，在近地面形成雷暴高压，产生辐散气流，其向东辐散的一支不断向天津地区输送干冷空气，在天津地区形成露点温度密集带，即露点锋(干线)。图3.20给出了2014年8月16日23:00加密自动站观测，如图所示，当锋生扰动配合地面辐合线自西向东移动、发展时，与来自渤海湾的偏东暖湿气流相遇，扰动加强，在高能区(城区附近)触发了对流发展。图3.21给出了16日23:22河北沧州雷达组合反射率。如图3.21所示，在城区附近(图中方框位置)有对流被触发出来。利用VDARS资料制作的沿39.16°N做v-w流线的垂直剖面(图略)，上升气流向干区倾斜，说明偏东暖湿气流和偏西干冷空气在天津城区附近相遇后，暖湿空气沿干冷空气爬坡从而触发对流的发展。此时回波较弱，未在城区附近形成短时强降水，天津城市气候观测站此次过程降水量仅为29.8 mm。

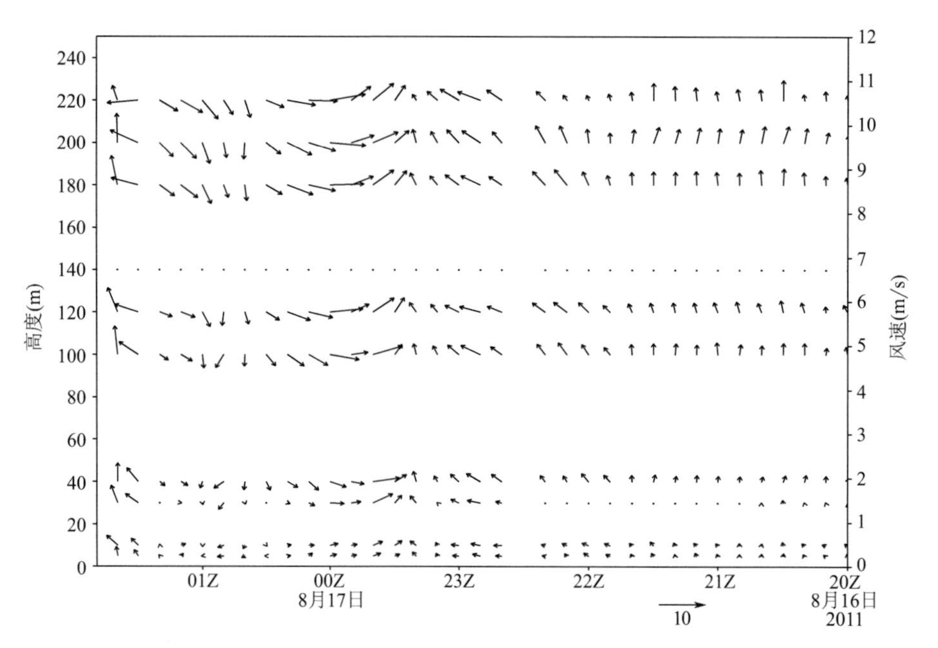

图 3.19 2014 年 8 月 16 日 20:00—17 日 02:00 天津铁塔边界层风场矢量时间—高度剖面图

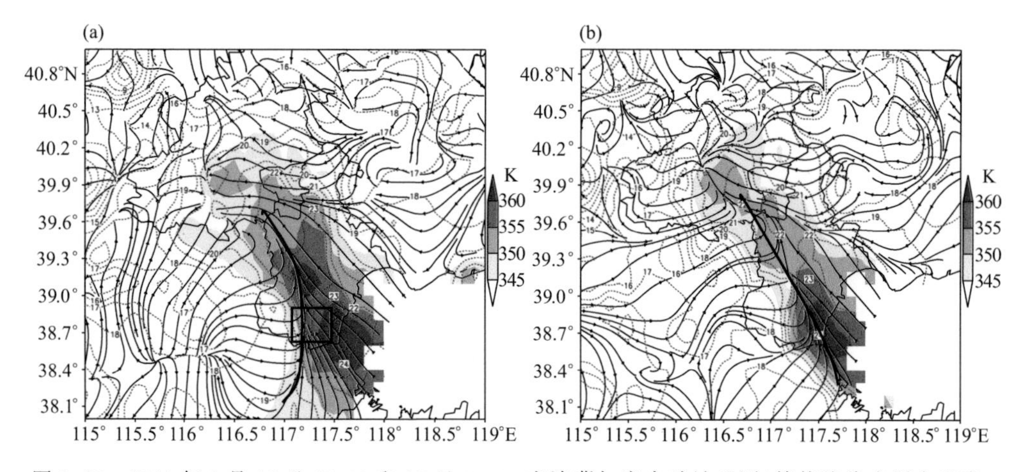

图 3.20 2014 年 8 月 16 日 23:00 和 17 日 00:00 京津冀加密自动站观测（等值线代表露点温度，单位：℃，流线代表风场，单位：m/s，阴影代表假相当位温，单位：K，黑色方框代表市区位置，粗实线代表干线位置）

3.8.1.2 边界层辐合线的相互作用

图 3.20b 给出了 2014 年 8 月 17 日 00:00 京津冀加密自动站观测，其中位于天津中部的辐合线东移，且南段的东移速度要快于北段的东移速度，形成西北—东南走向，但其露点温度梯度的大值区并没有跟随移动，此时辐合线与高露点区、高假相

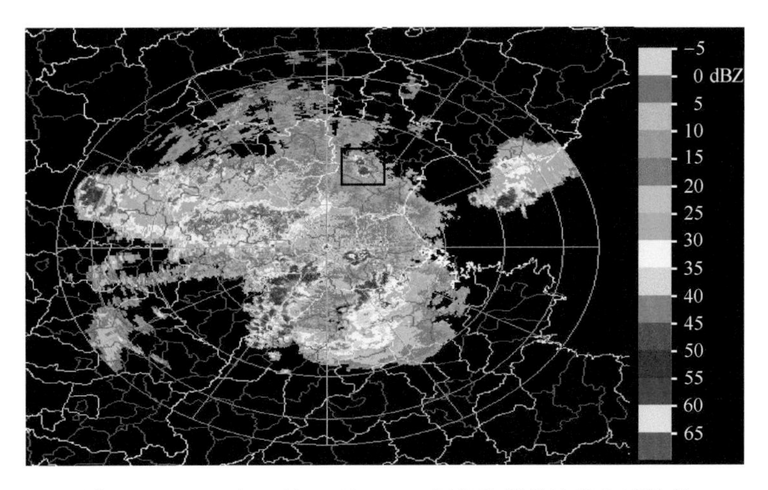

图 3.21　2014 年 8 月 16 日 23:22 河北沧州雷达组合反射率

当位温区重合。图 3.22 给出了 17 日 00:36 和 01:00 雷达 0.5°仰角反射率因子图，在天津以南地区，存在一较强的回波，并在回波前有阵风锋的活动（黄色曲线），17 日 00:36 雷达 0.5°仰角的径向速度图，如图 3.23 所示，在河北沧州雷达中心两侧存在一正负速度对，在阵风锋以南低层有中尺度急流存在，风速达到 12 m/s 以上，同时，负速度中心离地高度要小于正速度中心，说明急流在行进的过程中是沿冷池抬升的，进一步加强了天津以南地区回波的发展，其近地面辐散气流推动阵风锋加速向天津地区移动，与天津本地辐合线在高湿高能区相碰，同时南北两块对流回波合并，使天津东南部（大港、塘沽等地）对流迅速发展（图 3.22）。

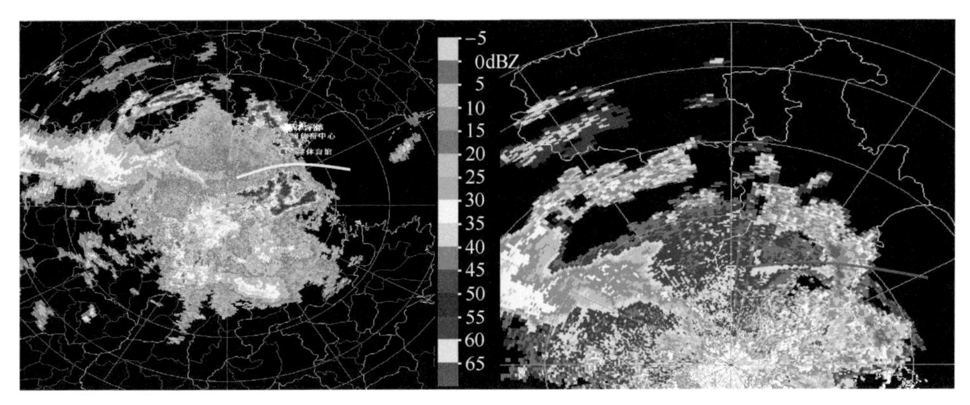

图 3.22　2014 年 8 月 17 日 00:36 和 01:00 河北沧州雷达 0.5°仰角雷达反射率因子（实线代表阵风锋）

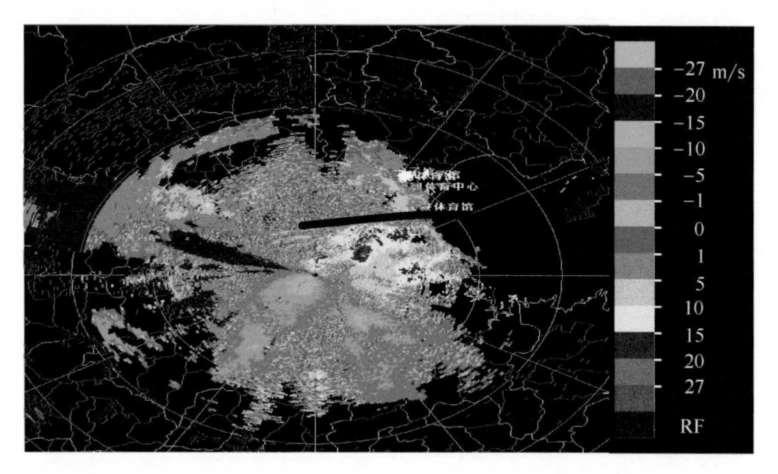

图 3.23 2014 年 8 月 17 日 00:36 河北沧州雷达 0.5°仰角径向速度,黑色实线代表阵风锋位置

3.8.2 长三角地区地面中尺度辐合线触发强对流天气

2014 年 7 月 26 日浙江中北部等地出现雷雨大风和短时强降雨等强对流天气过程。此次过程多个测站出现了风速≥17.2 m/s 的 8 级大风和 50 mm/h 以上的短时强降水,浙江出现的最大阵风在杭州的金西村为 27.8 m/s,达到了 10 级风,最大小时雨强则是在杭州的外桐坞为 90.2 mm/h,这样的雨强在杭州并不多见。图 3.24 是利用 10 min、1 h 间隔的地面自动站资料和 6 min 间隔的浙江多普勒雷达基数据绘制的 7 月 26 日地面流场、雷达回波和 1 h 雨量图。由图 3.24a 可见,这次强对流天气过程是边界层辐合线相互碰撞导致的对流增强。

3.8.3 山东不同边界层辐合线触发强对流天气

受西风槽和切变线影响,2016 年 9 月 11 日下午至夜间,山东省自西向东出现了一次强对流天气过程,大部分地区为雷阵雨,部分地区出现中到大雨,降雨过程中伴有雷电、短时强降水和 7～8 级(局地 9～10 级)阵风,烟台等地出现冰雹,其中冰雹最大直径 2 cm,极大风(28.0 m/s)出现在桓台荆家镇(18:42)。此次强对流天气过程造成损失严重。

从图 3.25b 可见,此次强对流云团呈现“遍地开花型”,对流单体在全省各地形成并发展。但从对流云团的发展演变可以发现,看似杂乱无章的对流,实际上可以分为三个对流带,即图 3.25b 中黑线标识的三个对流带。11 日 10:00,随着海风锋逐渐建立,在山东形成的多条地面辐合线(图 3.25a),2 h 后在辐合线附近触发生成对流单体。单体强度逐渐增强,随着辐合线向南移动的同时,向西传播,14:00 形成东西向的多单体雷暴(图 3.25b)。地面辐合线两侧有明显温差,是海风锋与地面冷锋结合,触发半岛地区的对流(侯淑梅 等,2018)。

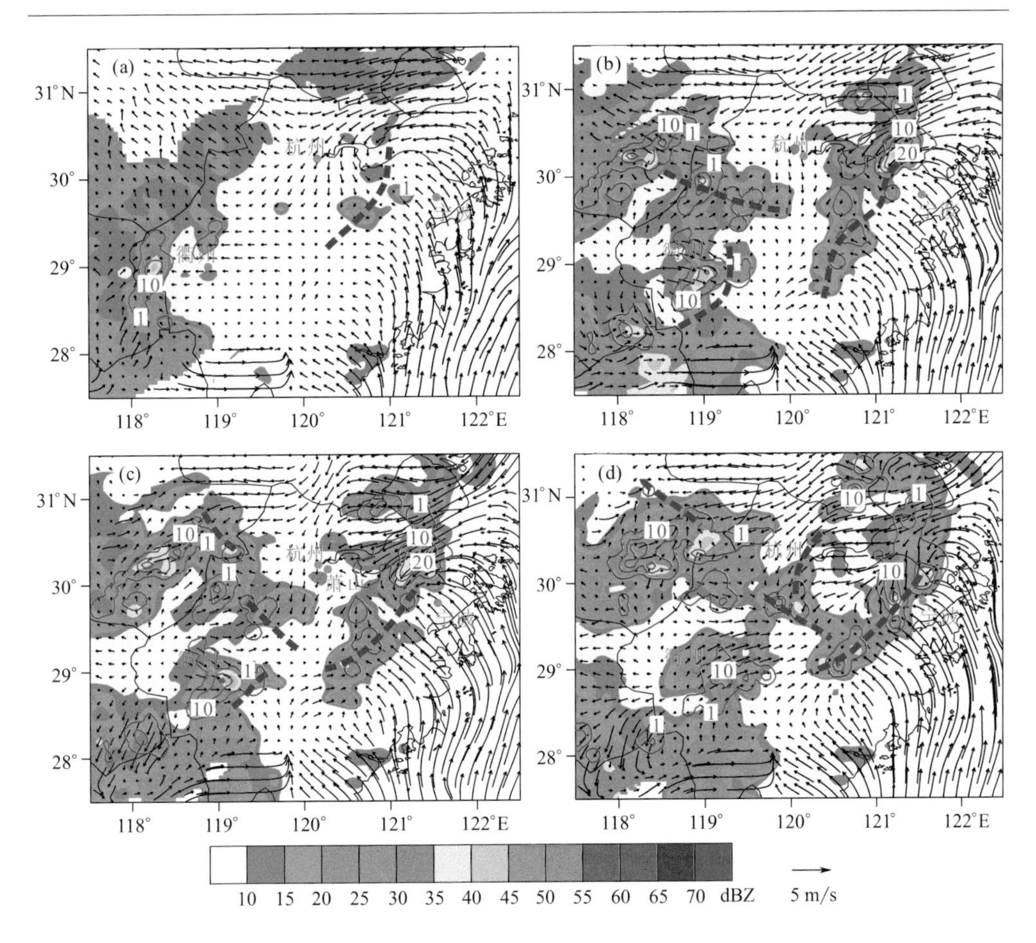

图3.24　2014年7月26日地面流场(风矢量)、雷达回波(填色)和1 h雨量(红色实线,mm)叠加图
(a)10:20流场、10:30回波和10:00—11:00雨量,(b)13:00流场、13:24回波和13:00—14:00雨量,(c)13:30流场、14:00回波和13:00—14:00雨量,(d)14:30流场、15:00回波和14:00—15:00雨量(紫色粗虚线表示中尺度辐合线)(沈杭锋 等,2016)

此次强对流天气过程,看似"遍地开花型"的对流云团,各地的动力抬升机制却不同,山东地区对流是海风锋与冷锋共同作用造成的,鲁西北地区是地面辐合线抬升触发的,鲁中一带的对流则是冷池前沿阵风锋造成的,鲁东南地区的对流则是干线与地面辐合线共同作用造成的。

3.8.4　杭州湾海风锋与干线碰撞触发强对流天气

2016年9月上旬在杭州举办的"G20峰会"全球瞩目,虽然总体上此次"G20峰会"气象预报服务非常成功,但对9月4日下午发生在杭州市区和西湖等地的局地短时小阵雨天气预报存在不足,给当日晚间文艺演出活动的准备工作带来了负面影响,也给后续晚间的短临天气预报造成了诸多的困扰。该次阵雨天气在总体强度、持续时间和影响范围等方面都很小，并非日常业务关注的灾害性强天气，但由于处于重大活动时间节点，属于典型的“低强度、高影响”天气。

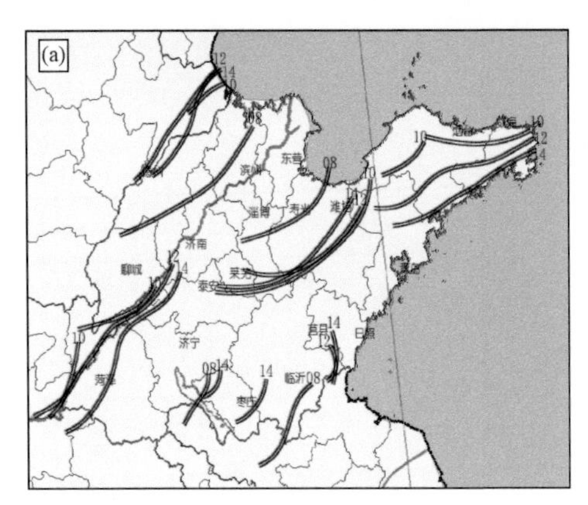

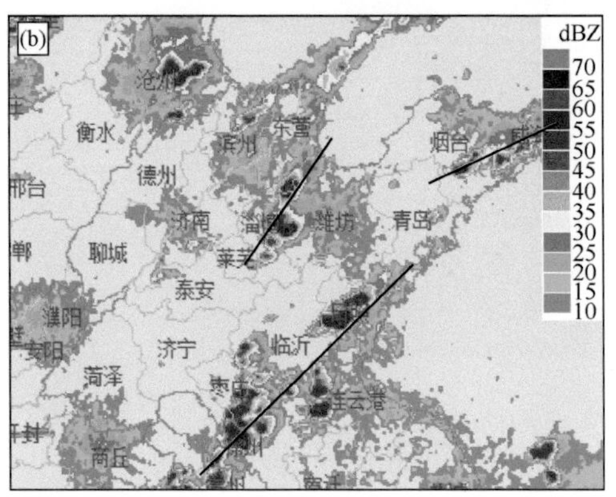

图 3.25　2016 年 9 月 11 日 08:00—14:00 地面辐合线动态图(a)及 14:00 多普勒雷达组合反射率因子拼图(b)(═══地表辐合线，———对流带)(侯淑梅 等，2018)

降雨和雷达资料都反映出阵雨对流系统来自杭州东北方向，分析自动站风场、温度和露点后可以看到自中午 12:00—14:00(图略)，杭州湾西北岸海宁—嘉兴附近有东北西南走向并向西移动缓慢推进的海风锋(图 3.26 黑色线条位置)形成和发展，与之相匹配，湿度场上存在一条露点锋(干线)；12:00 海风锋还不太显著，但 14:00 海风锋已显著加强，辐合线非常清晰，温度梯度和湿度梯度显著加大。此后至 16:00，辐合线逐渐向西偏南方向移动，并在辐合线南端形成多个弱的浅对流降水系统，以西湖系统和萧山系统为最强。

3.8.5　江苏边界层辐合线相互作用触发强对流

2007 年 7 月 25 日下午，江苏省大部分地区出现冰雹、雷雨大风等强对流天气，造成重大人员伤亡和严重的财产损失。

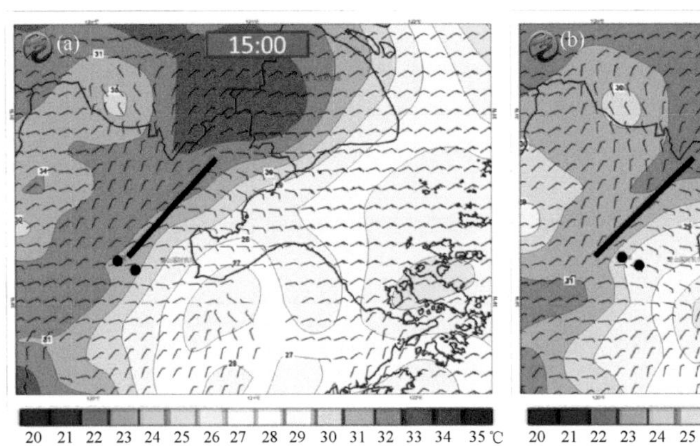

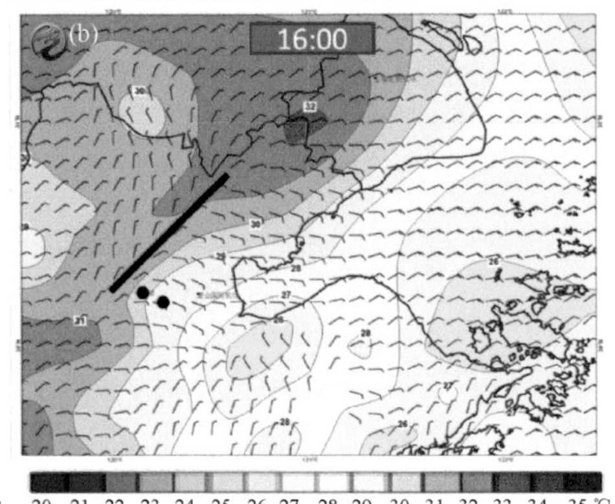

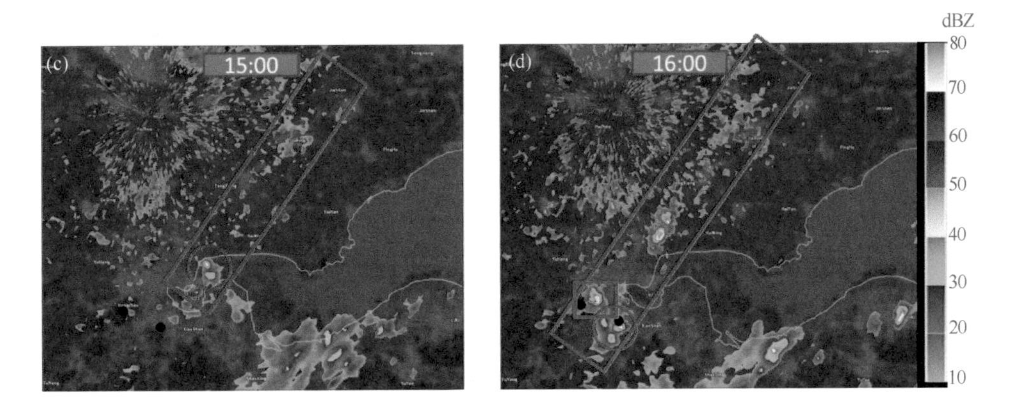

图 3.26 9月4日15:00(a、c)及16:00(b、d)区域加密自动站客观分析风场与温度分布(a、b)及湖州雷达0.5°仰角反射率(c、d)(图中黑色圆点，(a)表示杭州西湖位置，(d)表示位于萧山的杭州市气象局位置，二者相距约9 km。红色圆圈和小方框分别表示影响杭州西湖及杭州萧山的阵雨系统，红色箭头表示系统移向，斜方框表示杭州湾区域内可见辐合线导致的回波)(张涛 等,2018)

多普勒天气雷达观测这次天气是弓形回波、阵风锋以及阵风锋和海风锋相互作用又触发的强对流天气共同造成的(图3.27红色箭头a所指为阵风锋，粉色箭头b所指为海风锋和图3.28)。

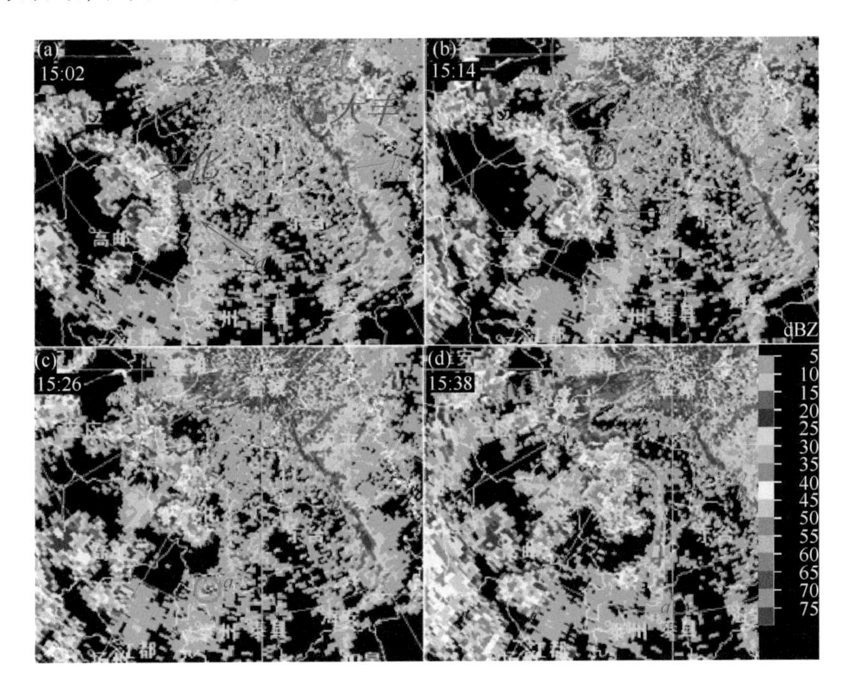

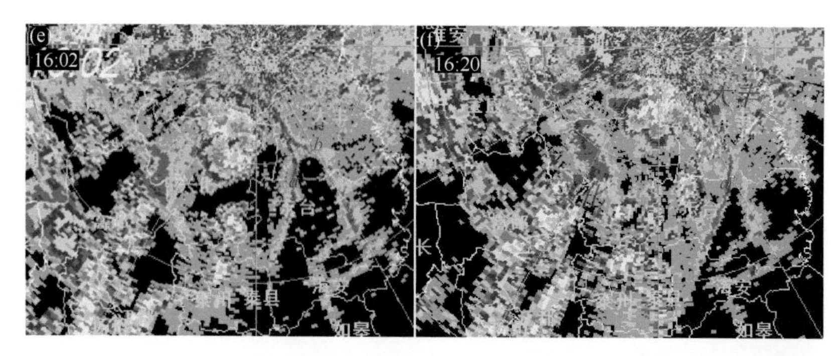

图 3.27　2007 年 7 月 25 日江苏省盐城多普勒天气雷达 0.5°仰角基本反射率因子图

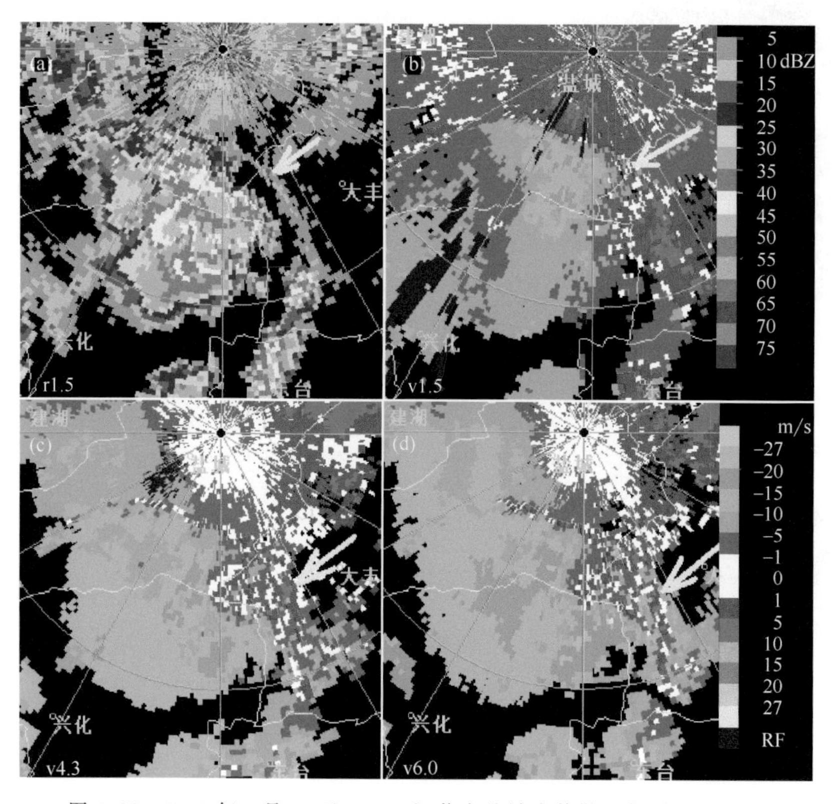

图 3.28　2007 年 7 月 25 日 16:08 江苏省盐城多普勒天气雷达回波图

3.8.6　安徽边界层辐合线与雷暴的发展演变过程

2002 年 8 月 24 日安徽省自西北向东南出现了一次飑线过程。全省 79 个测站先后有 30 个站出现 17 m/s 以上的瞬时大风，09:56 亳州最先出现大风，其中最大风速达到 26 m/s。与大风相伴的还有强降水或冰雹。

这次飑线回波呈现典型的多个雷暴单体组成的弓形，强度达到45～55 dBZ。先后在弓形回波前面观测有阵风锋(图3.29)、两条阵风锋相互碰撞附近新生了一个雷暴单体(图3.29中14:01圆圈内)，这个雷暴单体位于阵风锋的前面，此后又有新的雷暴单体在阵风锋前面形成(图3.29中14:50)。表明阵风锋和阵风锋的相互作用触发新的雷暴单体。

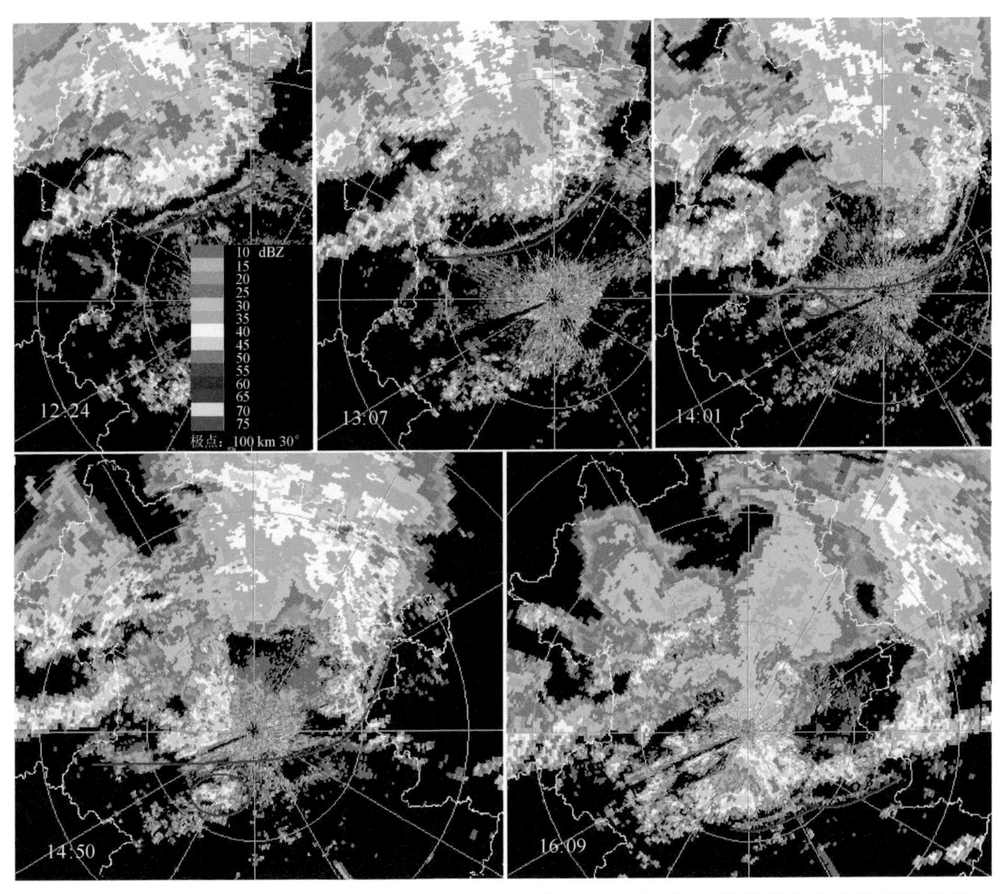

图3.29　2008年8月24日安徽合肥飑线雷达强度场回波演变(紫色线段用来突出显示阵风锋)(姚叶青 等,2007)

3.8.7　山东阵风锋导致的强对流天气

2006年7月5日19:00—24:00，受横槽影响，山东出现大范围以冰雹和雷雨大风为主的强对流天气，宁津县冰雹大如小枣；沾化最大直径10 mm，降雹10 min；瞬时风速均≥8级(图3.30)，出现的极大风速为11级(29.6 m/s)。

多普勒天气雷达观测表明，这次强对流天气与阵风锋相关。结合相关自动气象站分析阵风锋与瞬时大风天气的关系：外流边界依次经过6个测站，其中5个测站出

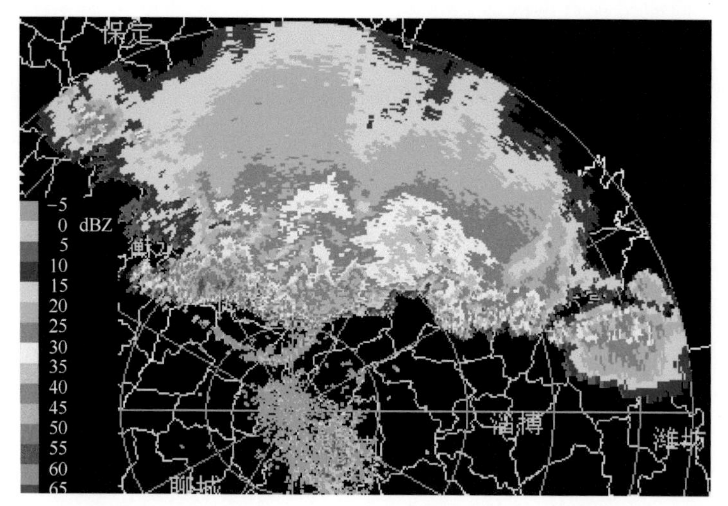

图 3.30　2006 年 7 月 5 日 21:27 齐河多普勒天气雷达 1.5°仰角基本反射率因子（李淑玲 等,2007）

现 8 级以上大风,3 个站极大风速与外流边界影响时间相吻合,2 个测站极大风速出现在强回波影响的时段,仅齐河 1 个测站极大风速不足 8 级(为 6 级)。

3.8.8　江苏省徐州市阵风锋触发强对流天气

2005 年 6 月 14 日、18 日、20 日、30 日江苏省徐州市遭受 4 次大风袭击,最大风力达到 9 级。大风均在雷暴主体到达之前出现。大风开始时在反射率因子场上有阵风锋出现,大风风速比阵风锋移速高 3～5 m/s。6 月 20 日 18:55,山东省枣庄市附近有阵风锋出现并向西南偏南方向移动,经计算,阵风锋的移速为 14 m/s,20:25 市区开始起风,江苏省邳州极大风速达到 18.4 m/s(图 3.31)。

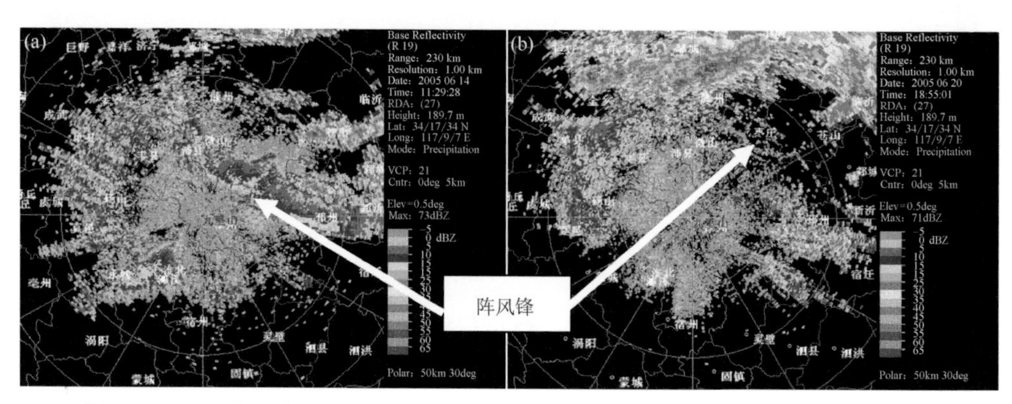

图 3.31　2005 年 6 月 14 日(a)、20 日(b)徐州站多普勒雷达阵风锋基本反射率因子图（徐正敏 等,2007）

3.8.9　河南省阵风锋导致的大风天气

受东北低涡后部西北气流引导的冷空气影响，2006 年 6 月 25 日下午到晚上，河南省安阳、鹤壁、濮阳、新乡、三门峡、洛阳、济源、郑州、许昌等地区出现了 2006 年首次全省自西北向东南大范围的强对流天气。强对流风暴所经之地其结构呈现了超级单体风暴、多单体风暴和飑线等类型的特征。

强对流回波带的北段由于低层比较强的西北风，在 17:52 发展成弓形带状回波，其后侧有大片弱回波区，18:17 弓形带状回波向前弯曲更厉害，前侧产生明显的雷暴出流边界，北端的回波呈逗点状，最强回波中心在其逗点状的涡旋处；18:35 弓形带状回波后侧弱回波区面积更大，说明其后侧的入流更强；18:53 雷暴出流边界远离强对流风暴主体，预示着将减弱消失（图 3.32）。受其影响，安阳南部、新乡东北部在 17:51—19:00 出现的大风具有明显的辐散特征，且各站的大风均发生强对流回波带刚刚经过之后的弓形带状回波的后侧。

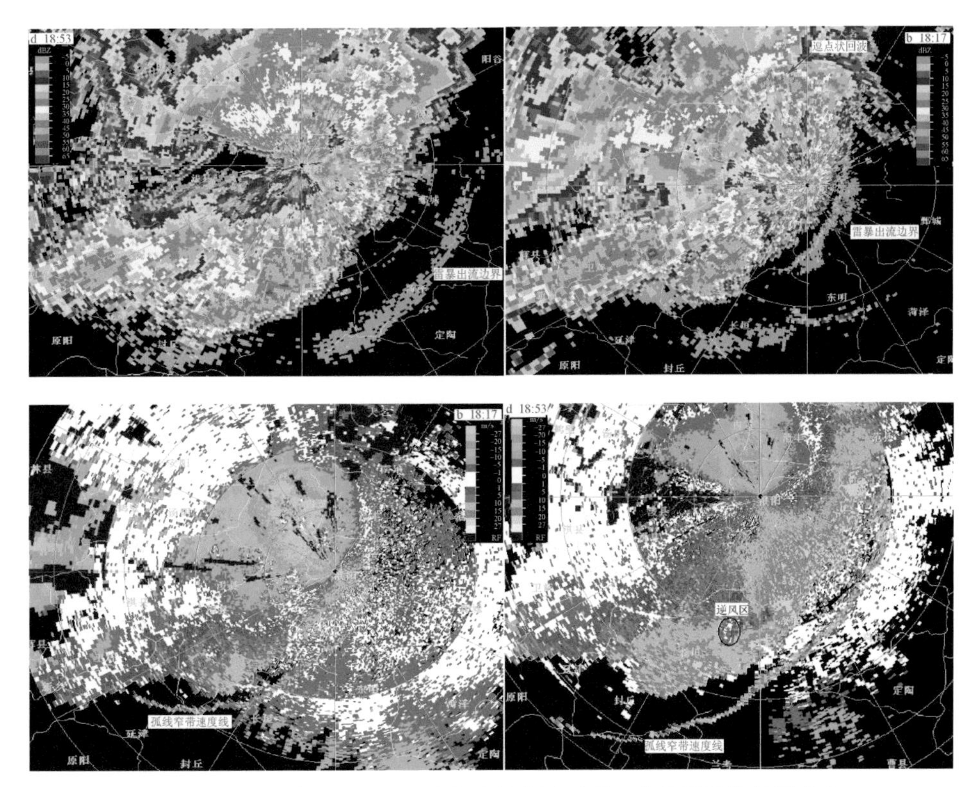

图 3.32　2006 年 6 月 25 日基本反射率因子图上北部弓形带状回波和其前侧雷暴出流边界和对应的速度图

（牛淑贞 等，2007）

3.8.10 上海强飑线及其阵风锋触发强对流天气

2004 年 7 月 12 日下午，江苏无锡、太湖西侧到浙皖交界山区发展起来的飑线系统快速东移，自西向东影响上海地区，在长达 6 h 的生命史中，产生 8～11 级的雷雨大风，其中经过的闵行华漕地区出现了龙卷风。这次强对流天气来势迅猛，移速特快，以风灾为主，造成多处房屋倒塌，死亡 7 人，伤及多人，部分地区还因高压线损坏而停电。

多普勒天气雷达回波特征分析表明：快速移动雷暴单体阵风锋与暖湿环境间的局地强锋区是造成这次飑线大风的原因。影响上海地区的雷暴单体 A 移速极快，达到 60 km/h（约 17 m/s），这也是过程中风灾为主而降水累积不大的原因之一。图 3.33 显示，该雷暴单体具有超级单体的特征。A、B、C 和 D 为 4 个风暴超级单体，细线回波为阵风锋。

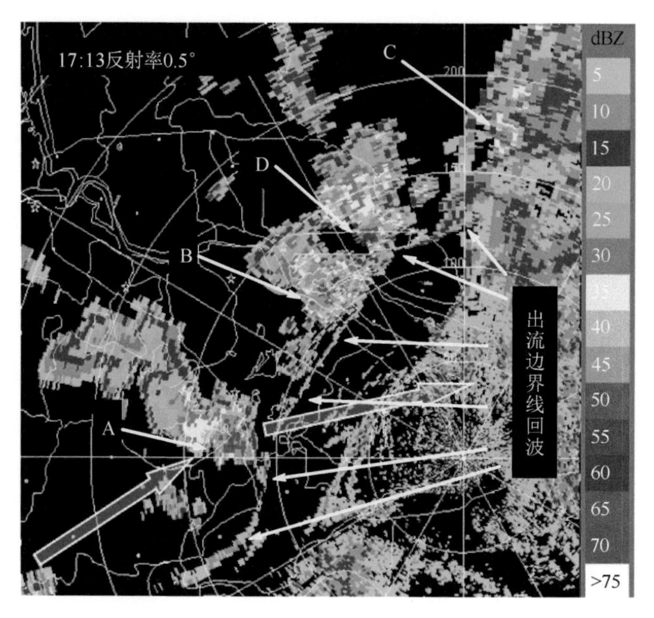

图 3.33　2004 年“0712”上海雷暴单体反射率因子（姚建群 等，2007）

3.8.11 河北边界层辐合线触发强对流天气

2017 年 7 月 11 日下午，河北出现冰雹、雷雨大风等强对流天气。从沧州多普勒天气雷达 0.5°仰角基本反射率因子演变可以看出，边界层辐合线相互碰撞触发对流系统发展加强，其反射率因子超过 65 dBZ（图 3.34）。

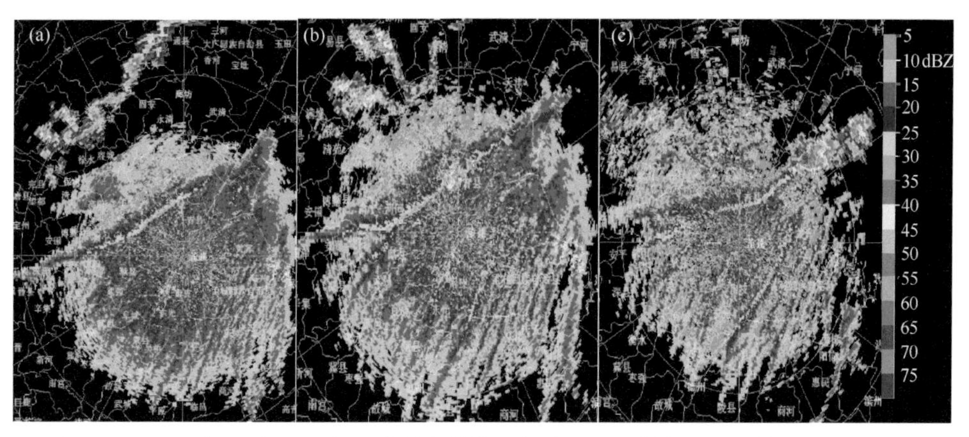

图 3.34 2017 年 7 月 11 日河北沧州多普勒天气雷达 0.5°仰角基本反射率因子演变图
(a)15:35,(b)16:30,(c)17:42

3.8.12 渤海湾边界层辐合线触发强对流天气

2020 年 6 月 11 日下午,渤海湾出现强对流天气,其中天津宝坻出现 0.5 mm 的小冰雹,从沧州多普勒天气雷达 0.5°仰角基本反射率因子演变可以看出,11 日 13:00—16:00 河北、天津南部存在一条西北—东南方向的边界层辐合线(图 3.35),强度 15～20 dBZ。另外,雷暴前沿出现东北—西南向的阵风锋,强度 5～10 dBZ。边界层辐合线前沿不断触发新生对流单体向东北方向移动。

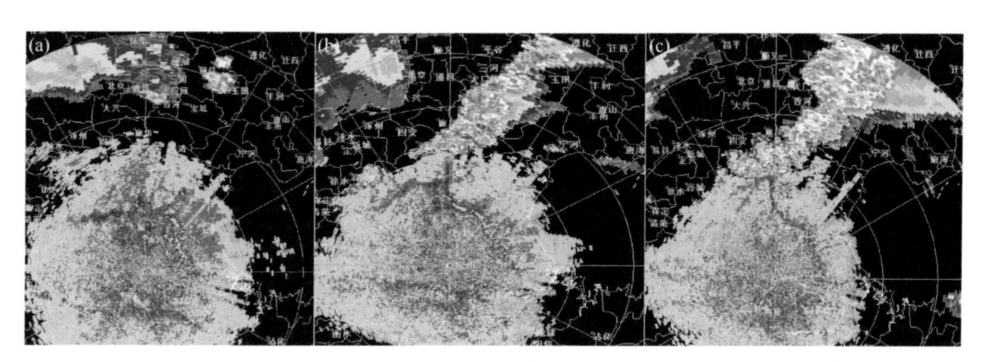

图 3.35 2020 年 6 月 11 日河北沧州多普勒天气雷达 0.5°仰角基本反射率因子演变图
(a)13:18,(b)14:30,(c)15:30

3.8.13 天津边界层辐合线触发龙卷天气

2018 年 8 月 13 日 17:30 左右,天津静海地区发生 EF3 级强龙卷,龙卷过后有局地短时强降水、短时大风天气,龙卷破坏力极强,所到之处农作物倒伏、房屋倒塌、水泥钢筋电线杆折断、汽车被卷起，致使静海区部分乡镇厂房、民房、农业等遭受损坏。

天津多普勒天气雷达回波特征分析表明：此次过程发生在线状对流中，具备TVS特征(图3.36)。当日下午14:00之后，天津宝坻至静海以及滨海新区至静海分别存在边界层辐合线，两条辐合线在静海交汇(图3.36)，强度10～15 dBZ。16:00之后，沿着边界层辐合线位置的线状对流系统显著发展加强，17:00在天津中部地区和沧州地区各有一条线状对流发展，并且两条对流发展在同一条直线上，但此时两条对流之间的静海地区并没有对流发展。随后，在两条对流连线上开始有回波发展，并逐渐增强，17:30南北两条线状对流相连，形成一条线状对流，此时龙卷发生。

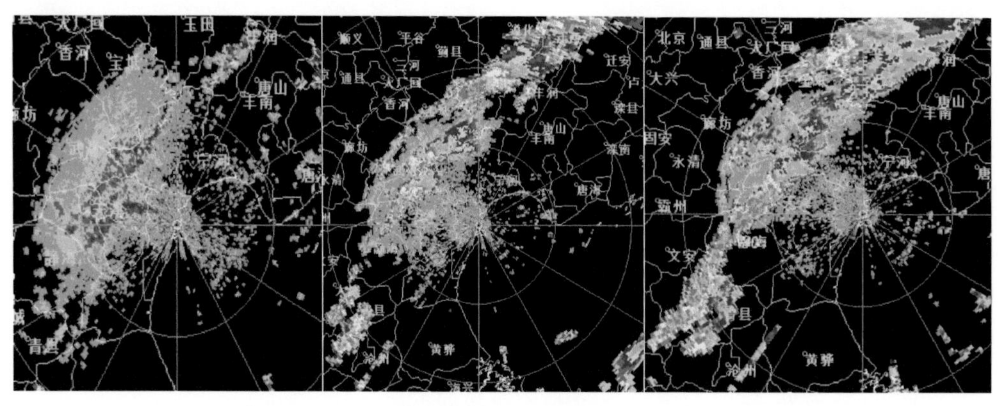

图 3.36　2018年8月13日天津多普勒天气雷达1.5°仰角基本反射率因子演变图

(a)14:48,(b)16:12,(c)17:30

3.8.14　厦门海风锋触发强降水天气

2015年8月18日20:00—19日01:00厦门出现局地暴雨天气，自动站观测降水量最大为155.6 mm(海沧桥站)，50 mm以上的站点共12站，超过100 mm的站点共3个站，其中集美区后溪站1 h最大累积降水量为76.1 mm。此次强降水特点呈现影响范围小、局地性强，超过50 mm的降水区域仅在20 km×25 km的范围内，集中在厦门地区的西南侧，其他地区仅有少量降水；降水强度强、持续时间短，3 h最大为121.8 mm(海沧桥)(图3.37)。应用自动气象站表明此次降水和海风锋的作用密切相关(陈德花 等，2018)。

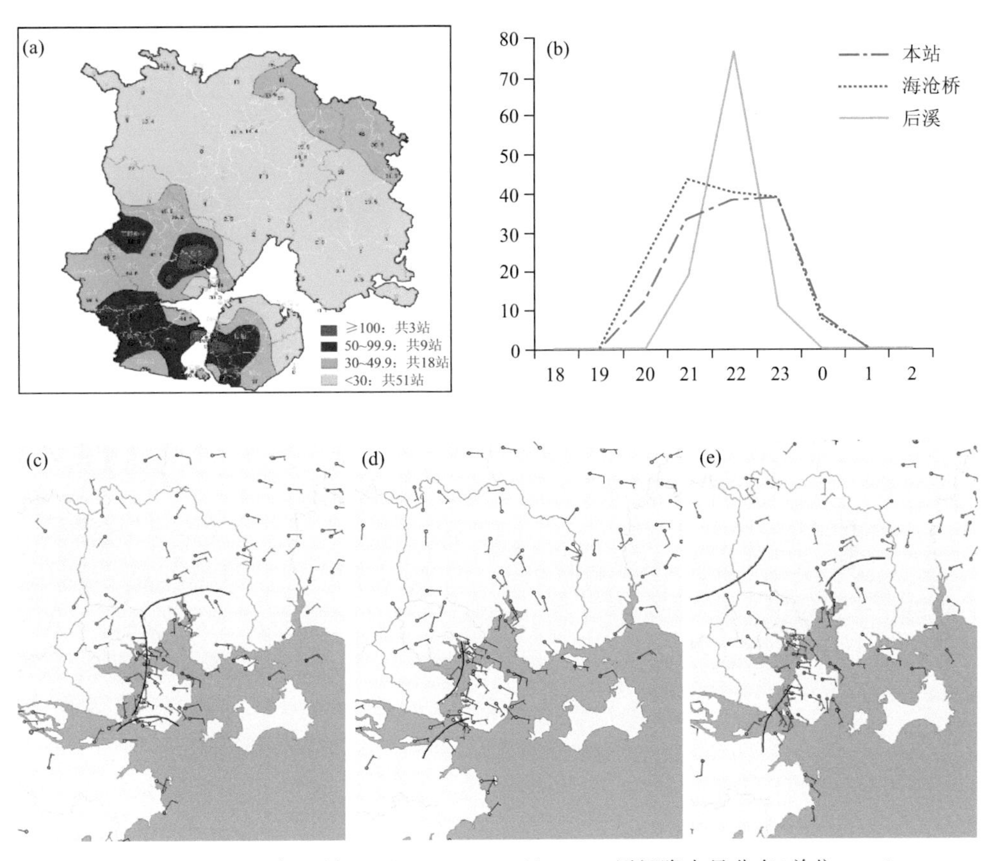

图 3.37　(a)2015 年 8 月 18 日 20:00—19 日 01:00 厦门降水量分布(单位:mm)，(b)逐小时降水量分布(单位:mm)，(c)15:00、(d)21:00、(e)22:00 自动气象站地面资料

第4章　海风锋与阵风锋相互作用触发雷暴的观测和数值模拟

4.1　资料与方法

4.1.1　研究资料

研究所用资料主要包括三类：一是FNL再分析资料；二是中国气象局提供的常规观测资料；三是天津地区多普勒天气雷达资料，具体如下。

(1)FNL再分析资料(Final Reanalysis Data)

该资料由美国国家环境预报中心(NCEP)提供(资料网址：http://dss.ucar.edu/datasets/ds083.2/)(Kalnay,1996)，其空间分辨率为1°×1°，时间间隔6 h。FNL资料的变量垂直分布在26层等压面(从1000 hPa到10 hPa)和地面上，主要包括地面气压、海平面气压、位势高度、气温、海温、土壤参数值、冰雪覆盖、相对湿度、u和v水平风场、垂直运动和涡度等变量。目前，该资料被广泛地应用于天气和气候的诊断和统计分析中，同时为模拟分析提供了很好的初始场和边界场。

(2)常规站点观测资料

由中国气象局提供，包括地面常规和自动站观测(时间间隔分别为3 h和1 h)、卫星观测(云顶亮温和红外云图，时间间隔为1 h)、探空资料(时间间隔为12 h)以及1 h(地面自动站资料)和6 h降水资料(时间间隔为1 h和6 h)。

(3)多普勒天气雷达资料

CINRAD/SA多普勒天气雷达资料，该雷达位于天津滨海新区，具体经纬度为117.717°E,39.044°N。资料包括基本反射率因子和基本速度，资料的时间分辨率为6 min。

4.1.2　研究方法

采用多源资料融合叠加、统计分析和动力学诊断相结合的方法研究渤海湾地区海风锋触发局地雷暴发生发展机理和海风锋的结构和特征。

4.2　海风锋与阵风锋相互作用触发雷暴的观测特征

4.2.1　海风锋与阵风锋碰撞触发局地雷暴的统计特征

对海风锋与阵风锋碰撞触发局地雷暴的天气形势统计发现，500 hPa 的影响系统高空槽占主导地位，总体占 71.43%，配合地面形势来看，高压后部低压前部占据主导地位，总体有 42.86%。这表明海风锋与西来系统结合能够使得雷暴天气加强或维持。

从图 4.1 中可以看到两种类型的碰撞型海风锋的时间分布特征。年际变化特征

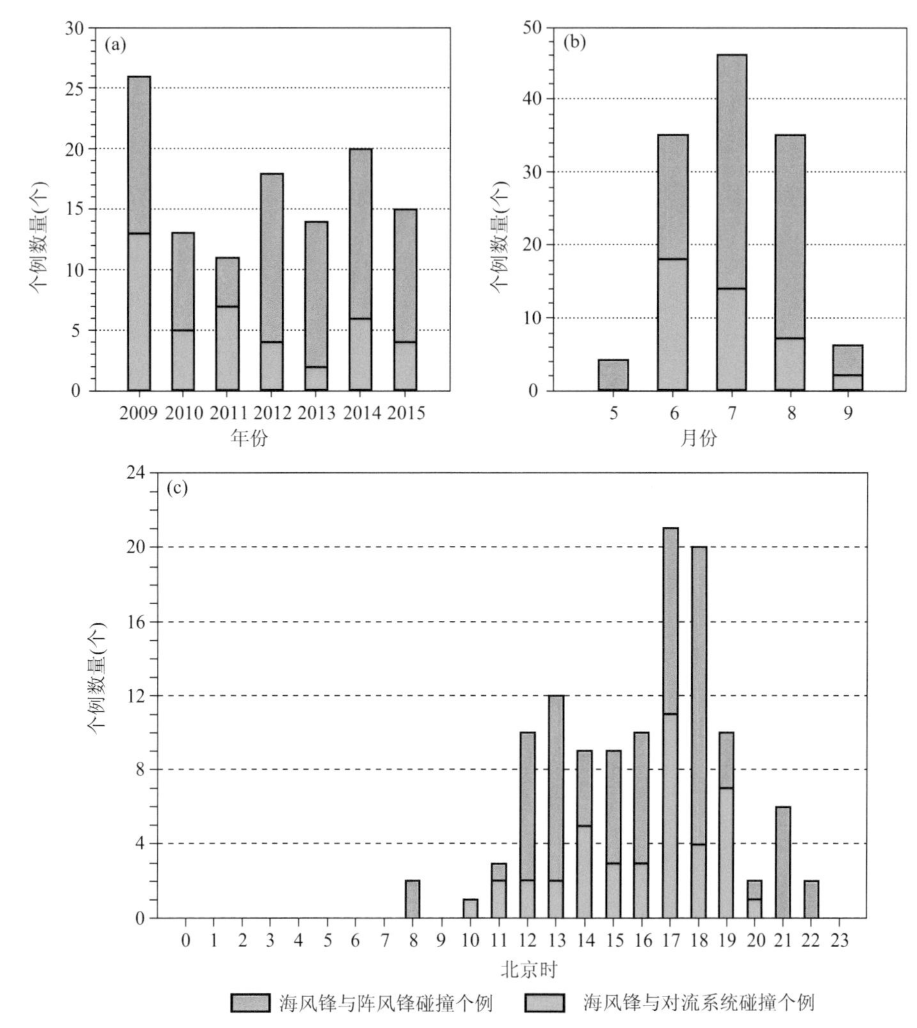

图 4.1　2009—2015 年 5—9 月在渤海湾地区出现的碰撞型海风锋发生碰撞的时间分布情况

(a)年际变化，(b)月变化，(c)日变化情况

(图 4.1a)显示,每年发生的碰撞型海风锋个例数量不尽相同,相差较大。2009 年发生的数量最多,为 26 个,而 2011 年出现最少,仅 11 个,总体而言,平均每年发生的碰撞型海风锋个例为 16.7 个。每年发生的碰撞型海风锋类型所占比例也不尽相同,2009 年发生的两种类型数量相等(均为 13 个),2012—2015 年发生个例中与阵风锋碰撞的类型明显居多。月变化特征(图 4.1b)显示,总的碰撞型海风锋个例中,90%以上出现在 6—8 月,且 7 月出现数量最多,为 46 个;6 月和 8 月分别出现 35 和 36 个,5 月出现数量最少,只有 4 个。其中,与对流系统碰撞的个例在 6 月出现最多,7—9 月依次降低。与阵风锋碰撞的个例同样主要出现在 6—8 月,其中 7 月数量最多。从日变化特征(图 4.1c)来看,总的来讲,约 95%的碰撞型海风锋个例出现在 12:00—22:00,其中 12:00—19:00 每小时出现的个例数量都在 9 个或以上,17:00 和 18:00 出现的数量最多,分别为 21 和 20 个,而夜里 23:00 到早上 07:00 未出现。与对流系统发生碰撞的个例数量最大值出现在 17:00,而与阵风锋碰撞的个例数量最大值出现在 18:00。可能原因是 17:00—18:00 出现对流的次数和强度在一日之内为最多最强,因此碰撞型海风锋在该时段也呈现出最多的分布。

4.2.2 海风锋与阵风锋碰撞触发局地雷暴的形态特征

多普勒天气雷达探测表明,渤海湾海风锋和阵风锋相互碰撞后,在碰撞周围约 20 km 处,有雷暴天气形成。多普勒天气雷达观测表明,雷暴天气产生在海风锋与阵风锋碰撞约 12 min 后,雷暴发生的区域一般位于海风锋的前部、阵风锋的顶端相交约 20 km 处范围内,占总数的 68%。通过分析地面气象站信息,雷暴天气容易形成在渤海湾海风锋前端两侧露点温度梯度的大值区域、偏北风和偏东风风向风速辐合的区域里。

当海风锋与阵风锋碰撞时,根据两条锋面移动方向的夹角大小可以分为三种类型。如图 4.2 所示,假设两条锋面移动方向的夹角为 A,三种类型对应的范围分别为:Ⅰ型:$105° < A \leqslant 180°$;Ⅱ型:$75° < A \leqslant 105°$;Ⅲ型:$0° \leqslant A \leqslant 75°$。一般情况下,因为实际观测到的海风锋和阵风锋并不会呈现出很光滑且规则的形状,而且它们各部分移动方向也不一定很一致,所以对它们进行分类时以它们发生碰撞部分附近的主体部分整体(图 4.2 中浅红色和浅蓝色方框所示)的移动方向之间的夹角作为判断类型的标准。

4.2.3 海风锋碰撞处局地雷暴发生发展特征

Kingsmill(1995)提到关于边界层辐合带导致发生 CI 相关最早的定量研究中发现,雷暴发生或发展的位置上最早提前 30 min 时出现过边界层辐合线。胡文东等(2015)研究一次阵风锋触发强对流天气过程的雷达资料特征时指出,阵风锋之间发生碰撞后,新生对流的增强需要 18~30 min 的成长期。因此,在本节中同样取 30 min 作为判断碰撞型海风锋导致的 CI 或导致的对流强度变化的时间期限。

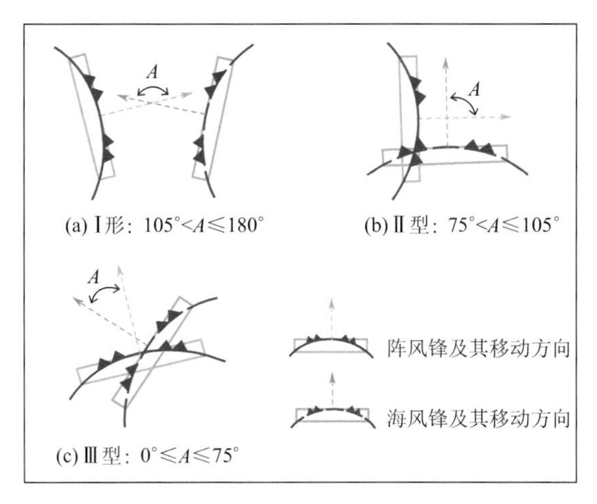

图 4.2　海风锋与阵风锋发生碰撞时的形态特征分类概念图，(a—c)中分别显示了按照两条锋面碰撞前移动方向夹角 A 的大小范围划分的 3 种类型
(浅蓝色虚线箭头和浅红色虚线箭头分别代表两条锋面的移动方向，浅蓝色和浅红色方框表示在确定两条锋面移动方向时表征它们碰撞前主体部分大体位置)

将所有碰撞型海风锋个例根据发生碰撞后的 30 min 时间内碰撞位置附近 10 km 范围内的 CI 情况，或原先的对流系统的增强或衰弱特征划分为以下 4 个类型：(1)显著增强：海风锋与对流系统碰撞后原先的对流系统强度增强 10 dBZ 以上，或海风锋与阵风锋碰撞后形成回波强度≥45 dBZ 的对流单体；(2)略有增强：海风锋与对流系统碰撞后原先的对流系统强度增强幅度为 5～10 dBZ，或海风锋与阵风锋碰撞后形成回波强度为 35～45 dBZ 的对流单体；(3)无明显变化：海风锋与对流系统碰撞后原先的对流系统强度变化幅度在－5～5 dBZ，或海风锋与阵风锋碰撞后没有形成回波强度达到 35 dBZ 的对流单体；(4)衰弱：海风锋与对流系统碰撞后原先的对流系统强度变弱，而且幅度为<－5 dBZ 的情况。

图 4.3 给出了这 4 种类型的碰撞型海风锋所占的比例情况。其中明显增强的类型占的比例最高，达到 52.1%，略有增强的类型有 36.8%，这两种类型就占了整个碰撞型海风锋个例中约 90%的部分。剩下的约 10%的部分是无明显增强和衰弱的类型，其中衰弱的类型只有 2.6%。从这 4 种类型的碰撞型海风锋个例碰撞位置的空间分布(图 4.4)中可以看到，根据 0.2°×0.2°的方形区域内出现的增强类型(包括略有增强和显著增强类型)的碰撞点频次情况大致可以识别出两个高频区，它们分别处于天津市和廊坊市附近 40 km 区域中东北侧区域。相对来讲，无明显变化和衰弱的个例数量很少，没有表现出明显的分布特征。

从该 4 种类型的碰撞型海风锋年际变化特征(图 4.5a)可以发现，整体来讲，每年发生的碰撞型个例中的衰弱和无明显变化类型数量很少，2015 年只发生 4 个，2009 年和 2014 年各 3 个，而其他年份只有一个或没有。2012 年和 2014 年发生的显著增强类型个数分别为 13 个和 14 个，比其他 5 年都要多一些。略有增强类型在

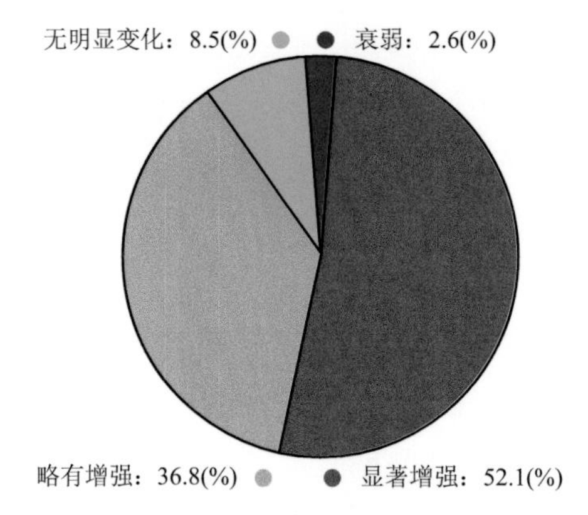

图 4.3　2009—2015 年 5—9 月在渤海湾地区出现的碰撞型海风锋中，根据发生碰撞后的发生 CI 或对流发展情况划分的 4 种类型所占的比例情况

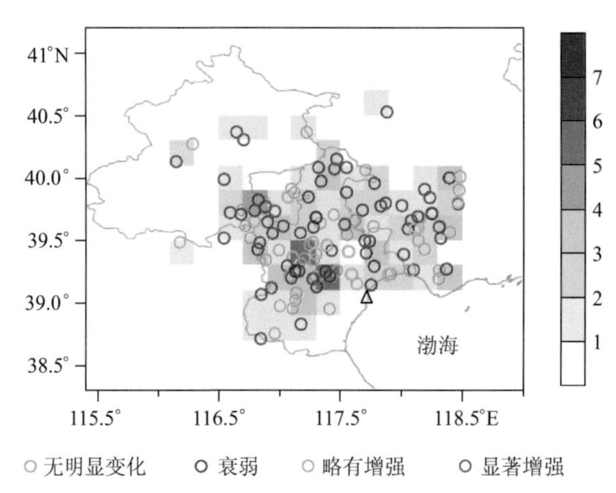

图 4.4　2009—2015 年 5—9 月在渤海湾地区出现的碰撞型海风锋根据发生碰撞后的发生 CI 或对流发展情况划分的 4 种类型的空间分布情况
（蓝色填色表示其所在的 0.2°×0.2°方形区域范围内出现增强型（包括略有增强和显著增强类型）个例频次）

2009 年出现最多，达到 15 个。从月变化特征（图 4.5b）来看，衰弱和无明显变化类型个例数量在 6 月发生 6 个，7 月和 8 月各 3 个，5 月只有 1 个，而 9 月却没有。增强类型（包括显著和略有增强类型）在 7 月发生的数量最多（43 个），6 月和 8 月分别为 29 和 23 个，9 月里只出现 6 个，而 5 月只有 3 个。从日变化特征（图 4.5c）来看，增强类型（包括显著和略有增强类型）在 12:00—19:00 段内每小时至少出现 8 个，在 17:00 出现最多，达到 19 个。衰弱类型的个例只有三个，即 17:00、18:00、19:00 各出现一个。无明显变化类型的有 10 个，其中 7 个出现在午后的 15:00—19:00 段内，18:00 就出现了 5 个。18:00 出现较多的无明显变化特征的个例，这估计是因为对流系统在该时段内发展到最强盛，对流系统导致的阵风锋的强度（包括移动速度、低层辐合

等特征)也会相应强一些,所以该时段发生碰撞的个例中因与海风锋碰撞导致的低层辐合难以影响到强盛的对流系统强度,或强度差距较大的阵风锋与海风锋碰撞后同样没能够引起低层辐合的显著增强等。

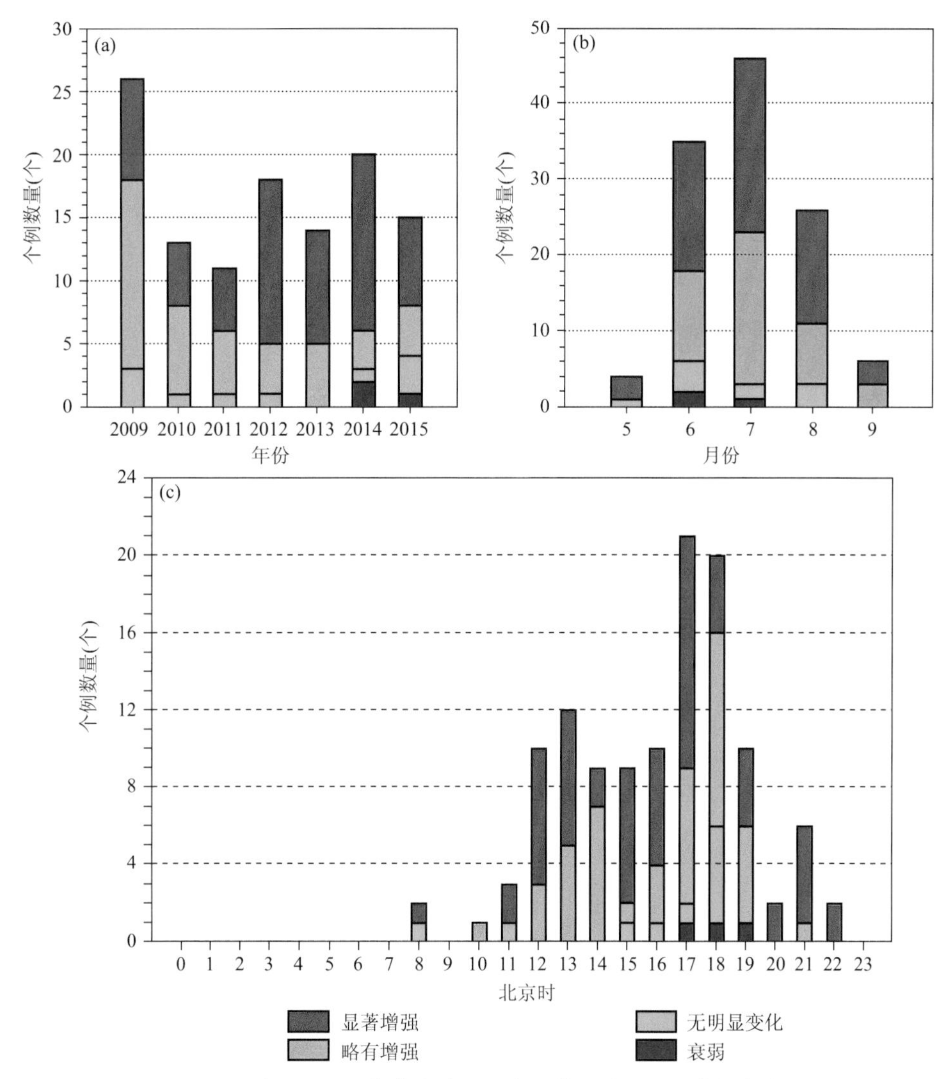

图 4.5 2009—2015 年 5—9 月在渤海湾地区出现的碰撞型海风锋根据发生碰撞后的发生 CI 或对流发展情况划分的四种类型的时间分布情况

(a)年际变化,(b)月变化,(c)日变化情况

4.2.4 海风锋与阵风锋碰撞前的对流触发特征

与阵风锋碰撞的 76 个海风锋个例中,36 个个例(约占 47%)发生碰撞前在两条锋面之间有新的 CI(即出现了回波强度超过 35 dBZ 的对流)。选 150 km 作为相碰

的两条锋面的水平尺度临界值时分割出的 4 个部分(图 4.6 中交叉的两条红色实线分割的 4 个部分)中的碰撞前发生 CI 百分比值来看,两条锋面水平尺度都超过 150 km 时,碰撞前发生 CI 的概率高达 79.41%。图 4.7 给出了这 36 个碰撞前触发对流的碰撞型海风锋个例碰撞点的空间分布情况。根据 0.2°×0.2°的方形区域内出现这种类型的碰撞点频次来看,其高频区主要分布在河北廊坊市东北侧的约 50 km 区域,天津市东部约 40 km 区域,还有天津市的东北部与河北省交界区域和唐山市东部区域。

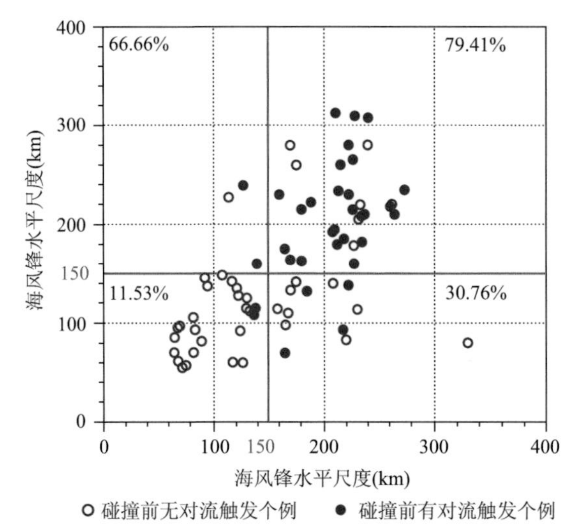

图 4.6 2009—2015 年 5—9 月在渤海湾地区出现的碰撞型海风锋个例中,同阵风锋碰撞的个例发生碰撞前触发对流情况与相碰的两条锋面的水平尺度大小关系

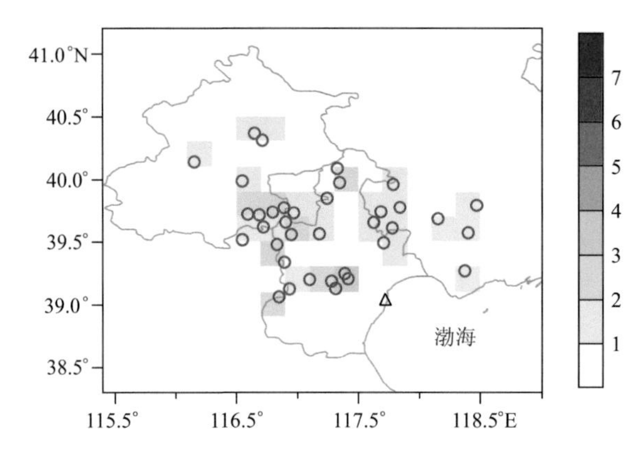

图 4.7 2009—2015 年 5—9 月在渤海湾地区出现的碰撞型海风锋个例中,与阵风锋碰撞的个例发生碰撞前触发对流的个例碰撞位置空间分布情况(蓝色填色表示其所在的 0.2°×0.2°方形区域范围内出现该类海风锋碰撞点频次,黑色三角形表示天津多普勒天气雷达站位置)

由碰撞前有CI的这类碰撞型海风锋出现的年际变化情况(图4.8a)可以看到，每年发生的该类碰撞型海风锋个例数量并不相同，2013—2015年出现的数量在6～12个不等，2014年为最多(12个)，2013年和2015年依次递减(分别为8个和6个)，而前几年只出现1～3个个例。由月变化特征(图4.8b)可以发现，7月份出现的该类个例数量最多(16个)，8月和6月份依次递减(分别为9个和7个)，5月和9月份最少(只有2个)。由日变化特征(图4.8c)可以看到，12:00—18:00出现的数量占该类型个例总数的75%。其中12:00—13:00和17:00—18:00出现数量较多，均有4～6

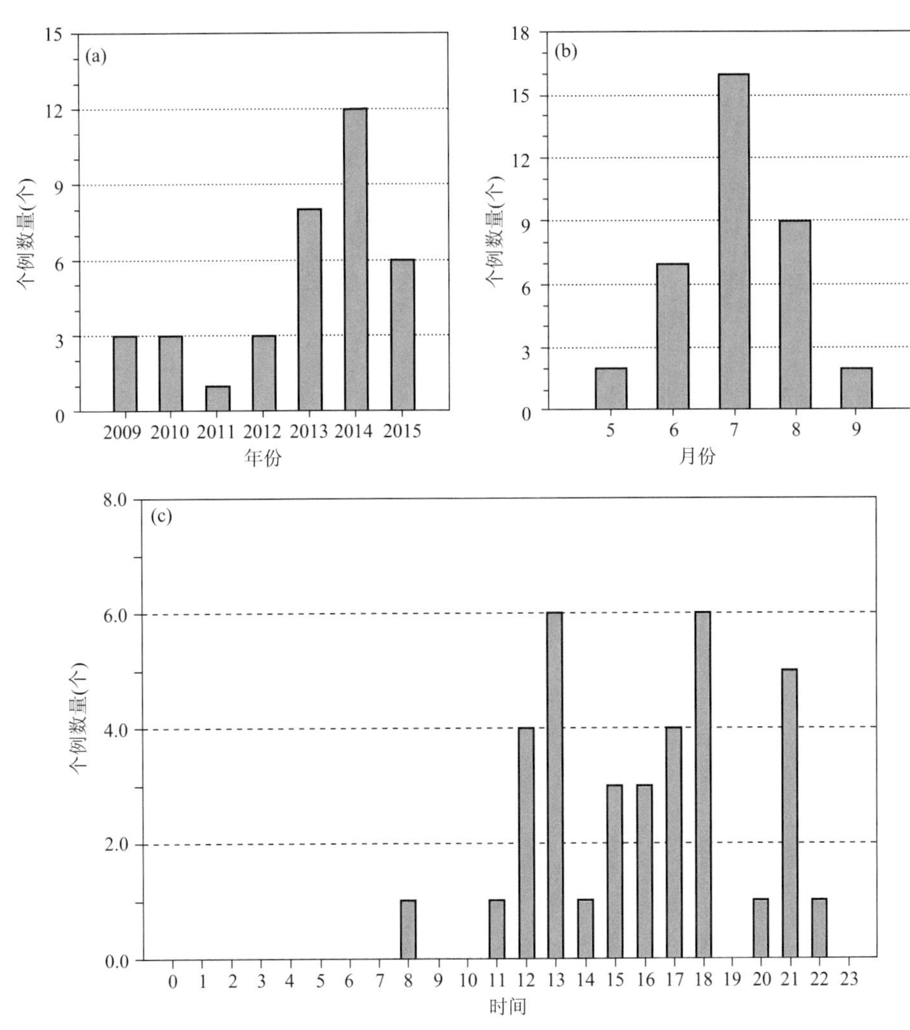

图4.8 2009—2015年5—9月在渤海湾地区出现的碰撞型海风锋个例中，与阵风锋碰撞的个例中发生碰撞前触发对流的个例时间分布情况
(a)年际变化，(b)月变化，(c)日变化情况

个，而 14:00 最少，只有一个。除了该时段之外，21:00 出现了 5 个个例，而夜里 23:00 到早晨 07:00 这段时间内一次都没有出现。

4.3 海风锋与阵风锋Ⅰ型碰撞的观测和数值模拟

4.3.1 海风锋与阵风锋Ⅰ型碰撞雷暴定义

将来自于东北方向的阵风锋和海风锋相互碰撞触发的雷暴天气定义为Ⅰ型雷暴，这类雷暴具有预报难度大、尺度小、易漏报、致灾性强的特点。

4.3.2 Ⅰ型碰撞的观测和数值模拟——典型个例分析

4.3.2.1 资料选取与数值模拟方案设计

观测资料选自天津多普勒天气雷达（CINRAD WSR/98D）探测到的 2007 年 8 月 13 日渤海湾海风锋与阵风锋碰撞形成雷暴天气的个例。另外还选取相应时间自动气象站的气温、风向风速、气压和降水资料。

为了解决分析研究中观测资料在空间分布密度的不足，进一步揭示Ⅰ型雷暴天气形成的特征，采用 WRF 模式和 WRFDA 同化系统（三维变分-3DVAR 技术，Version 3.3）对上述个例进行数值模拟。其中 WRF 模式水平方向使用 Arakawa-C 网格，垂直方向使用地形跟随质量坐标，时间积分采用三阶 Runge-Kutta 方案。模拟首先采用三层嵌套，水平分辨率分别为 36 km，12 km，4 km，垂直层次均为 66 层，其中 1 km 以下有 15 层，它们的高度间隔为 35 m，35 m，45 m，50 m，50 m，60 m，70 m，70 m，75 m，90 m，90 m，90 m，90 m 和 100 m。美国国家环境预报中心（NCEP）1°×1°的再分析资料用来生成数值模拟的初始条件和侧边界条件，其中侧边界条件的时间间隔为 6 h。模拟运用 WRFDA 同化系统的 3DVAR 技术对最外层区域（水平分辨率为 36 km 的区域）的初始场同化了常规观测的地面和探空资料（来源于中国气象局），以及对第二层嵌套区域的初始场同化了常规观测的地面、探空资料以及雷达资料。模拟起始时刻为 2007 年 8 月 13 日 08:00，结束时刻为 2007 年 8 月 14 日 02:00，积分时长为 18 h，积分时间步长从外层到里层分别为 90 s，30 s 和 10 s。该三层嵌套区域模式积分完成后，在第三层嵌套区域里再建立一层嵌套区域（本文简称为第四层嵌套区域），该区域的水平分辨率为 1.33 km，网格点数为 280×280，垂直层次设置与上述的三层嵌套区域一致，该区域初始场同样由 NCEP 的 1°×1°的再分析资料生成，侧边界条件则由模式第三层区域（水平分辨率为 4 km 的区域）的积分结果（通过 WRF 的“ndown”工具）生成，时间间隔为 0.5 h，该区域的模式积分起始时间和结束时间与上述的三层嵌套区域积分一致，积分时间步长则为 4 s。这四层模拟区域的积分一致采用 WDM6 微物理方案、Noah 陆面方案、YSU 边界层方案、Rrtm 长波辐射方案和 Dudhia 短波辐射方案，此外，除了最里层区域（水平分辨率

1.33 km 的区域)没有采用积云参数化方案,其他层次区域均采用 Kain-Fritsch 积云参数化方案。

4.3.2.2　数值模拟和观测资料对比分析海风锋结构特征

模拟的海风锋演变特征显示(图 4.9),990 hPa 风场 13:00 海风锋沿渤海沿岸已经形成,主要表现为东南风和偏北风形成的弱辐合带(图 4.9 黑色虚线),随后辐合带逐渐向内陆推进,推进过程中海风锋前端为弱辐合带,辐合带持续至 18:00;其中垂直速度最强达到 0.6 m/s 以上。900 hPa 也有类似的特征,只是海风锋更偏后些,这也表明海风锋自下而上呈现向后倾斜的结构特征。

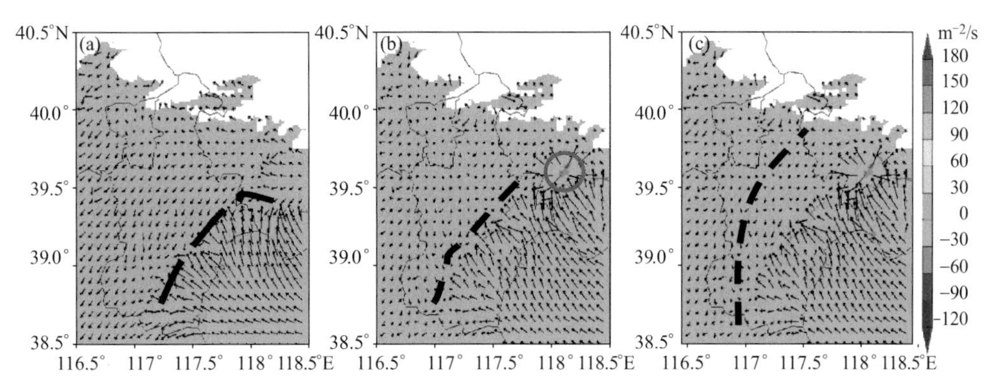

图 4.9　2007 年 8 月 13 日 13:00(a)、14:30(b)和 17:00(c)模拟的 990 hPa 海风锋(虚线)和阵风锋(圆圈)W-UV 分布(填色:垂直运动)

由图 4.10a 显示:海风锋前端是东南风和东北风交汇的辐合带,它在向内陆缓慢推进过程中呈现气温降低和湿度增加的特点,影响高度主要在 850 hPa 以下(图 4.10b),海风锋前端比湿增加非常明显,最大达到了 14 g/kg。海风环流位于 850 hPa 以下,其中海风锋对应了海风环流的上升支,上升运动高值中心高度位于 880 hPa 附近,高值中心对应的是垂直运动大值区域,最强的垂直运动为 1.2 m/s。海风环流对低层海风的垂直输送使得海风锋背后低层形成较为深厚的水汽高值区(图 4.10c)。另外,海风锋在向内陆推进过程中逐渐形成了增厚的热内边界层(图 4.10d)。近地面散度场(图略)清晰地显示了海风锋对应明显的辐合带。从水汽和温度水平分布(图略)来看:显示海风锋前端为温度和湿度等值线密集区,在不足 5.0 km 范围内气温降低约 2.0℃,比湿增加也很明显,表明海风锋背后为冷湿气团。

多普勒天气雷达低层基本反射率产品观测海风锋为弱的窄带回波,观测资料和数值模拟两种资料对比看出:数值模拟和雷达观测海风锋起始生消时间、形态特征、位置基本吻合,强度也基本吻合。雷达观测海风锋的强度仅为 25 dBZ 左右,宽度不足 10 km,高度不足 2.0 km(图 4.10e)。数值模拟成功地模拟出了海风锋的位置、强度和物理特征,与雷达观测的结果基本是吻合的,但是数值模拟能够更清晰地显示海风锋的物理量特征。

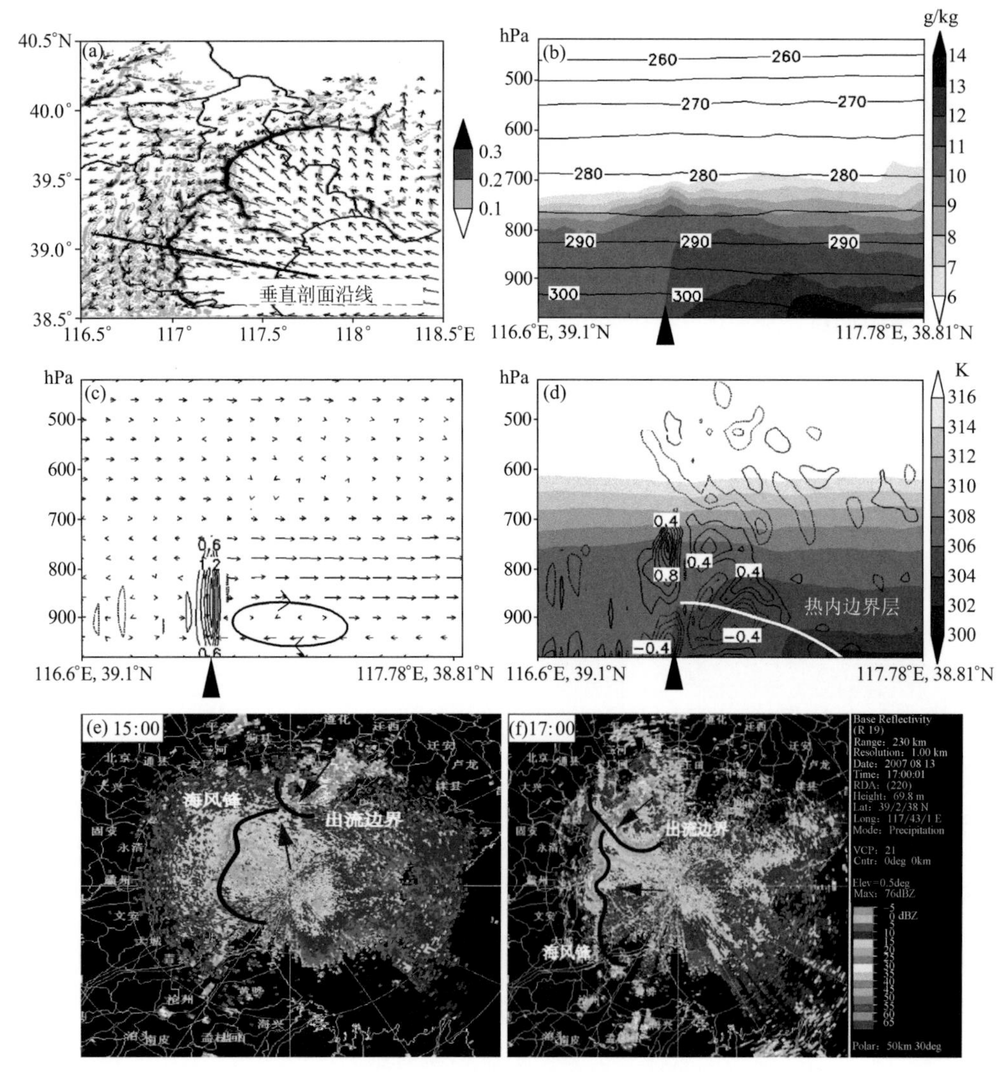

图 4.10　070813 个例海风锋的结构和特征(时间为 17:00)
(a)980 hPa 等压面上的垂直运动(阴影为正值,绿色等值线为负值,单位:m/s)和风矢量分布;
(b)温度(等值线,单位:K)和比湿(阴影)的垂直分布(沿 a 图中的直线剖面,实心三角形
标记了海风锋的位置,c 和 d 图皆同);(c)垂直运动(等值线,单位:m/s)
和风矢量的垂直分布;(d)散度(等值线,单位:10^{-3}/s)和位温(阴影)
的垂直分布;(e)多普勒天气雷达探测海风锋基本反射率产品分布

4.3.2.3　数值模拟和观测资料对比分析阵风锋的动态演变

从 990 hPa 等压面上的风场分布来看:模拟显示出雷暴四周均出现低层辐散气流(图 4.9 红圈处),模拟阵风锋速度为 8.0 m/s;垂直速度最强出现了 1.2 m/s,出现在雷暴主体的前部图(4.10c)。相对应地,比湿较低,不足 11.0 g/kg(图略),气温明

显降低，这表明阵风锋为干冷气流。

由阵风锋的垂直剖面可知(图 4.11)：阵风锋后部出现明显的下沉运动(图 4.11a)，高度在 850 hPa 以下；同时，阵风锋后部出现明显的等温线“下凹”区(图 4.11b)，即冷池，这与降水蒸发降温有关。此外，阵风锋后部水汽偏小，表现为等比湿线“下凹”区，表明阵风锋为干冷气团。

多普勒天气雷达探测阵风锋为对流云团前部形成的弧状弱窄带回波(图 4.10e，出流边界)，它的强度也仅有 25 dBZ，宽度不足 10 km，高度不足 2.0 km。在多普勒天气雷达基本反射率形态表现中，阵风锋和海风锋极为相似，但是移动方向和形成机制不同。

对比分析阵风锋的数值模拟与多普勒天气雷达观测特征：虽然未能模拟出阵风锋的细线回波，但是模拟出阵风锋四周均存在低层辐散下沉气流，只是雷暴主体前部阵风锋的辐散气流较强，而多普勒天气雷达仅能观测雷暴主体前部的阵风锋。

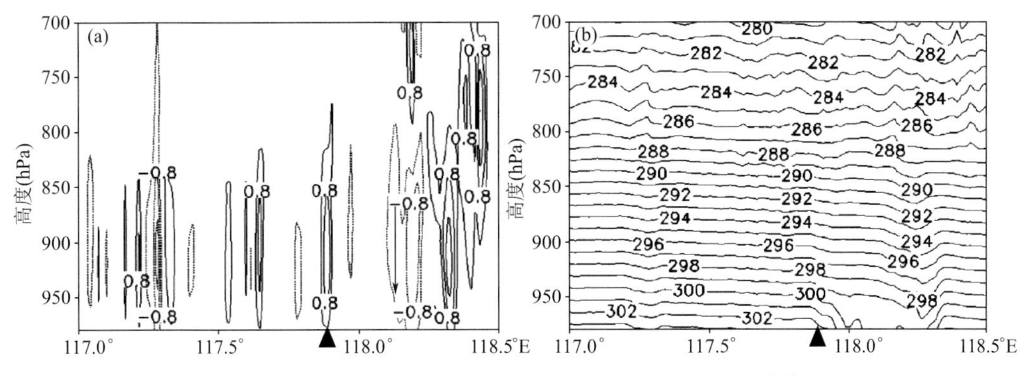

图 4.11　2007 年 8 月 13 日 15:00 沿 39.7°N 的垂直运动(a，单位：m/s)、温度(b，单位：K)的垂直剖面(实心三角形标记了阵风锋的位置)

4.3.2.4　海风锋与阵风锋碰撞后形成雷暴天气的数值模拟分析

多普勒天气雷达观测海风锋和阵风锋碰撞后在碰撞交叉处附近形成有雷暴天气，依据上述数值模拟方式模拟结果，分析其演变机制。

数值模拟与自动气象站获取的实况降雨量相比，模拟降雨强度总体偏弱，具体表现为：14:00—20:00 6 h 内最大降水量为 33.0 mm，但是数值模拟最强仅为 20.0 mm。尽管模拟的雷暴发展较实际观测偏弱，没有明显模拟出阵风锋与海风锋的碰撞交叉处出现强对流发展，但模拟结果呈现了该个例物理量增强的特征，有利于雷暴天气的形成。

4.3.2.5　海风锋与阵风锋碰撞后形成雷暴天气的物理量特征变化

海风锋与阵风锋碰撞后的垂直运动特征(图略)。上升运动明显增强，由原来浅薄的近地面辐合高度迅速向上扩展至 600 hPa，垂直运动最强为－2.0 m/s，最强中心位于 800 hPa 附近；无辐散高度位于 600 hPa；600 hPa 以上高度出现了辐散气流，最强为 7.0 m/s,强中心位于 400 hPa 附近。

由碰撞后的水汽和云水物的垂直分布特征(图略)可见。碰撞发生后,海风锋背后的丰富水汽随着增强的上升运动向上输送;配合云水物迅速增高增强,由中心位于 850 hPa 附近的 1.0 g/kg 增强至 600 hPa 的 9.0 g/kg,不稳定能量也随之增长。

4.3.2.6 对比分析单一阵风锋、单一海风锋和两者碰撞后形成雷暴的物理量特征

为了更清晰地分析碰撞前后物理量特征的变化,依据图 4.12 中的 3 个剖面沿线的位置(蓝色曲线表示单一阵风锋剖面沿线——记为 U 线,黑色曲线为海风锋与阵风锋碰撞后有形成雷暴的剖面沿线——记为 M 线,红色曲线表示单一海风锋的剖面沿线——记为 D 线)。剖面得出图 4.13。

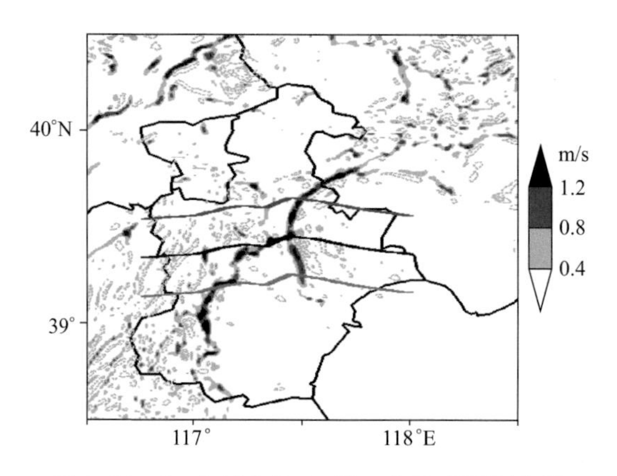

图 4.12 2007 年 8 月 13 日 3 个垂直剖面位置

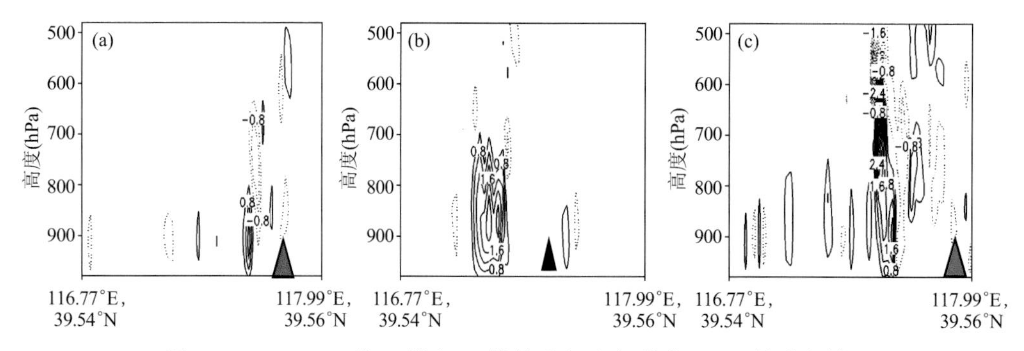

图 4.13 16:00 U 线、D 线和 M 线的垂直运动(单位:m/s)的垂直剖面

(a)阵风锋,(b)海风锋,(c)雷暴形成的垂直剖面

单一阵风锋前端区域(图 4.13a)存在有辐散下沉气流,厚度在 850 hPa 以下。而单一海风锋区域(图 4.13b)有明显的上升运动。但是,当两者碰撞后,碰撞交叉形成雷暴天气处可以看出,有明显的垂直运动,垂直运动最大值为 6.8 m/s(图 4.13c);同时比湿也是增加的过程,比湿增加到 14 g/kg,高度也在增高,增至 850 hPa 附近(图略);

CAPE 值明显增加，由 700.0 J/kg 增加到 1000.0 J/kg；同时对流抑制能量在减少，最高值不到 100 J/kg(图略)。另外，里查森数考虑了大气静力稳定度和垂直风切变的影响，是判断大气稳定度的一个重要判据。高守亭等(1986)证明了里查森数在中尺度天气系统发生发展中的重要作用，并得到了广义理查逊数的动力稳定度特征，即关注它分布在 0～1 的区域。该区域也出现了不稳定区域，不稳定区域的厚度在 1 km 左右。以后随着雷暴天气的发生，上述物理量特征也在减弱，并且雷暴天气也在减弱消散(图略)。

对比分析阵风锋、海风锋和碰撞交叉处的物理量特征表明：交叉处形成雷暴天气具有明显的垂直运动和散度特征；同时广义里查森数的分布特征也较为显著，其厚度在 1.0 km 左右，CAPE 值明显增加；另外，水汽特征伴随着雷暴的开始也向高处输送。

对比分析数值模拟和雷达观测碰撞后形成雷暴天气的异同点：多普勒天气雷达观测海风锋、阵风锋和它们碰撞后形成雷暴天气的观测事实，而数值模拟方式更能详细地分析出形成雷暴天气的物理量特征的变化。

4.3.3 海风锋与阵风锋碰撞触发Ⅰ型雷暴概念模型

从观测资料和数值模拟综合分析得出海风锋和阵风锋碰撞触发I型雷暴的概念模型(图 4.14)。白天中午前后沿海岸地区容易形成海风锋(高度一般为 2.0 km 以下)，并向内陆推进，在推进过程中海风锋顶端形成明显的湿度和有效位能高值区；同时，在有利的大气环流背景或局地条件下，内陆会触发强对流系统，其引发的下沉出流产生明显的阵风锋(形成阶段)。当海风锋与相向移动的阵风锋相遇或海风锋与阵风锋呈一定角度相交时，在交点附近的上升运动会加强；同时，海风锋背后的不稳定能量被触发，上升运动得到进一步提升；强的上升运动把海风锋背后较为深厚的水汽往上输送，可以触发雷暴(发展阶段)。随着出流边界往海风锋背后推进，海风锋背后强的有效位能和丰富水汽被逐渐消耗，雷暴系统出现减弱消亡(消散阶段)。

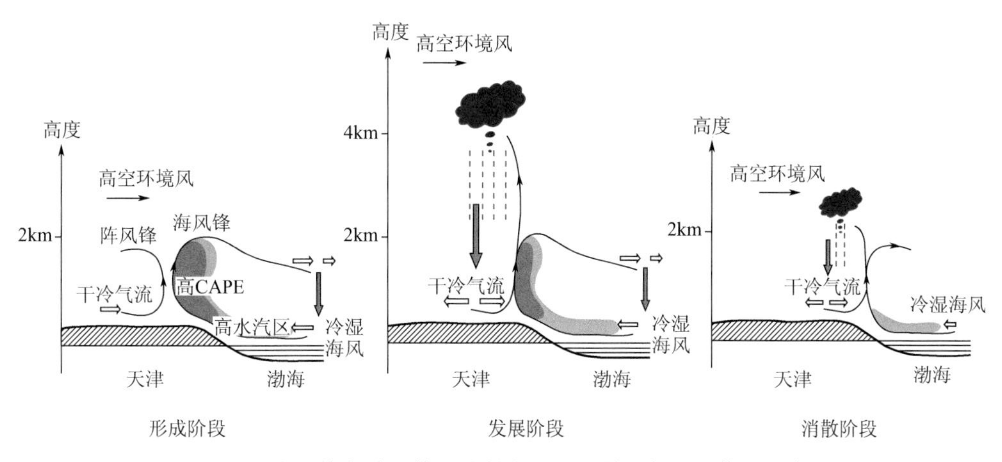

图 4.14 海风锋与阵风锋碰撞触发Ⅰ型雷暴天气概念模型示意图

4.4 海风锋与阵风锋Ⅱ型碰撞的观测和数值模拟

4.4.1 海风锋与阵风锋Ⅱ型碰撞雷暴定义

把来自于西北方向的阵风锋和海风锋相互碰撞触发的雷暴天气定义为Ⅱ型雷暴，Ⅱ型雷暴和Ⅰ型雷暴相比，这类雷暴的预警难度是雷暴的落区和时间不好确定。

4.4.2 Ⅱ型碰撞的观测和数值模拟——典型个例分析

4.4.2.1 数值模拟方案设计

为研究海风锋与阵风锋碰撞触发Ⅱ型局地雷暴的演变机理及其热动力成因，选取个例2011年7月14日（“110714”）过程进行数值模拟。利用WRF(v3.5)模式对“110714”过程进行更高分辨率的模拟。其中采用五重双向嵌套，中心点同样取为(39.5°N，117°E)。水平分辨率分别为36 km，12 km，4 km，1.333 km和444.4 m，水平方向的格点数分别为149×149，223×223，331×331，481×481和562×562，垂直为45层，2 km以下有20层，模式顶层为50 hPa，最外层时间积分步长为65 s，最内层嵌套(d05)模拟输出时间分辨率为2 min。图4.15给出模式各层嵌套(d01～d05)区域的地理位置及地形海拔高度，其中d05的范围已覆盖了海风锋与阵风锋的相向移动及发生碰撞的区域。利用NCEP GFS分析场数据（水平分辨率为0.5°×0.5°，

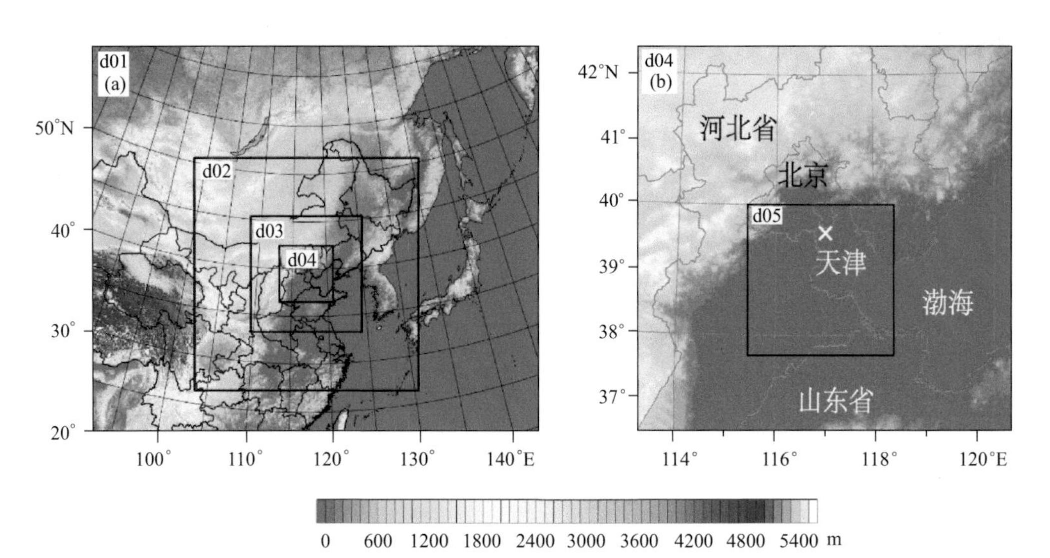

图4.15 (a)模式模拟最外层四个嵌套区域所在的地理位置及地形海拔高度（填色）；(b)第四层嵌套(d04)和最内层嵌套(d05)的地理位置及地形海拔高度（填色）其中交叉符号表示取数据的位置(39.5°N，117°E)

时间分辨率为 6 h)作为模式初始场及边界条件。最外层四个嵌套从 2011 年 7 月 14 日 00:00 UTC 开始启动,并且积分 18 h,而 d05 是从 06:00 UTC 开始启动,积分 12 h。因为在"110714"过程中关注的各个系统(海风锋、阵风锋及其碰撞导致的强对流)主要出现在 06:00—10:00 UTC 时段内,因此,00:00—06:00 UTC 时段是属于模式预热(spin-up)阶段。由于 d04 具有对流尺度的水平分辨率(1.333 km),而且模拟效果也比较好,所以 d04 能够给 d05 提供较好的初始和边界条件,因此对 d05 不进行预热(spin-up),直接从 06:00 UTC 开始启动。

4.4.2.2　垂直加速度的动量诊断

本次模拟中,在 08:52 UTC 时,海风锋与阵风锋相向移动到相互距离约 25～30 km 的位置,此时在它们之间生成的对流单体中雷达回波强度达到≥35 dBZ(图 4.16a),即触发了对流。为了便于研究出现这些对流单体区域中的平均环境特征,在两条锋面之间取一个大小约为 25 km×28 km 的方形区域(如图 4.16 中黑色虚线方

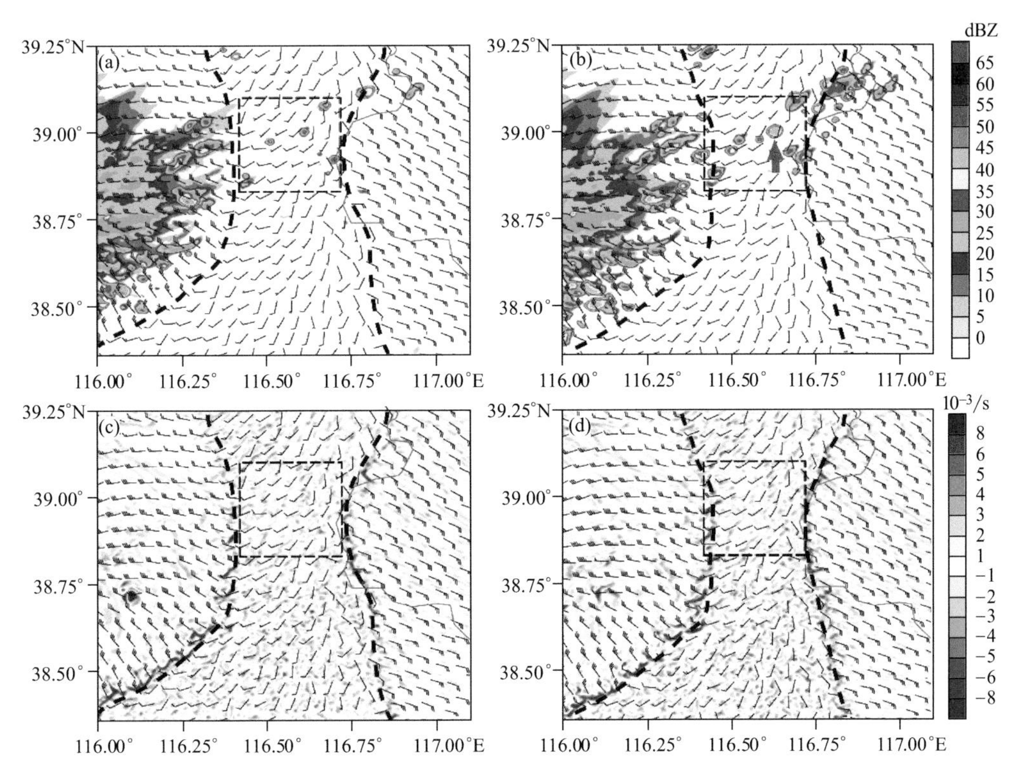

图 4.16　(a,b)模拟的组合反射率(填色)和 200 m 高度处的风场(风羽),其中(a,b)分别表示 2011 年 7 月 14 日 08:52 和 09:00 UTC 的情况。(c,d)与(a,b)时间相同,但表示模拟的 200 m 高度处散度场(填色);同时标出各时刻海风锋(东边的黑色粗虚线)和阵风锋(西边的黑色粗虚线)所在的位置,图中黑色虚线方框表示在两条锋面之间为了分析发生对流单体区域的平均特征而选取的方形区域

框所示)。在海风锋与阵风锋相向移动过程中,在它们之间形成的多个孤立的对流单体中有一个单体(图 4.16b 中红色箭头所示)发展比较快,因此在下文选该单体中的空气粒子做后向移动轨迹上的动量诊断分析。从 200 m 高度上的散度场中清晰可见两条中尺度锋面前沿的辐合带。但发生对流触发(Convection Initiation,CI)的区域内并没有出现组织良好的辐合带,而只能看出一些不规则分布的较弱的辐合辐散信号(图 4.16c 和 4.16d)。这种 CI 出现的情况跟 Fankhauser 等(1995)研究中因准静止水平滚涡导致的组织良好的辐合带所导致的 CI 情况是不同的。

4.4.2.3 对流触发区域的平均特征

图 4.17 给出了两条锋面之间所取的方形区域中平均的动力和热力(不稳定性)特征在 08:12—08:52 UTC 时段内的演变情况。如图 4.17a 所示,2 km 以下的低层几乎是被正的垂直速度控制。从约 08:16 UTC 开始,正的垂直速度变强的同时,其在垂直方向上出现的厚度也在增厚,并且垂直速度最大值出现在 08:36—08:50 UTC 的约 2.5 km 高度处。从水平散度场的特征(图 4.17b)可以看出,在约 1 km 以下低层出现持续的辐合。与垂直速度相似的是,该低层的辐合也是从约 08:16 UTC 开始增强增厚,并且在 08:40 UTC 附近达到最强,此时该辐合层的高度达到约 2 km。把该水平散度场分解为 x 和 y 方向的分量(图 4.17c 和 d)后发现,该低层的辐合几乎是由 x 方向的分量决定,而在 y 方向却有较弱的辐散特征。也就是说,该低层的辐合几乎是由东—西向的辐合造成的,因为模拟中海风锋与阵风锋也正好在东—西方向上相向移动,因此这暗示着两条锋面在相向移动过程中的水平挤压作用导致了该低层的辐合。

大气中的对流活动通常是由条件性不稳定造成的(寿绍文 等,2009),而条件性不稳定是由饱和相当位温的垂直梯度($\partial\overline{\theta}_e^*/\partial z$)来表征(Lin,2007)。从两条锋面之间所取的方形区域中水平面平均的条件性不稳定特征看出,4.5 km 以下的大气均为条件性不稳定(即$\partial\overline{\theta}_e^*/\partial z<0$)(图 4.17e),尤其是在低于约 2.5 km 以下的低层。从 08:12—08:52 UTC 时段内条件性不稳定的时间距平发现,约 2.5 km 以下低层中(除了近地层一小部分之外)在 08:28—08:50 UTC 时段内的条件性不稳定特征变得更强(即$\partial\overline{\theta}_e^*/\partial z$ 的距平值减小)(图 4.17f)。

综上所述,在海风锋与阵风锋之间所取的方形区域低层平均的动力强迫特征(即低层的辐合)和热力特征(即条件性不稳定性)均有利于 CI 的发生。然而,对于该区域中出现的 CI 而言,并不清楚这两种因子(即动力和热力因子)中哪一种起到了主导作用或者是否两者具有同等的重要性。因此,为了进一步探究该问题,进行如下的垂直加速度诊断分析。

将垂直加速度分解为动力加速度(dynamic acceleration,a_d)和浮力加速度(buoyant acceleration,a_b),与 Jeevanjee 和 Romps(2015)分解的形式相同,即

$$\frac{\mathrm{d}w}{\mathrm{d}t}=a_b+a_d \tag{4.1}$$

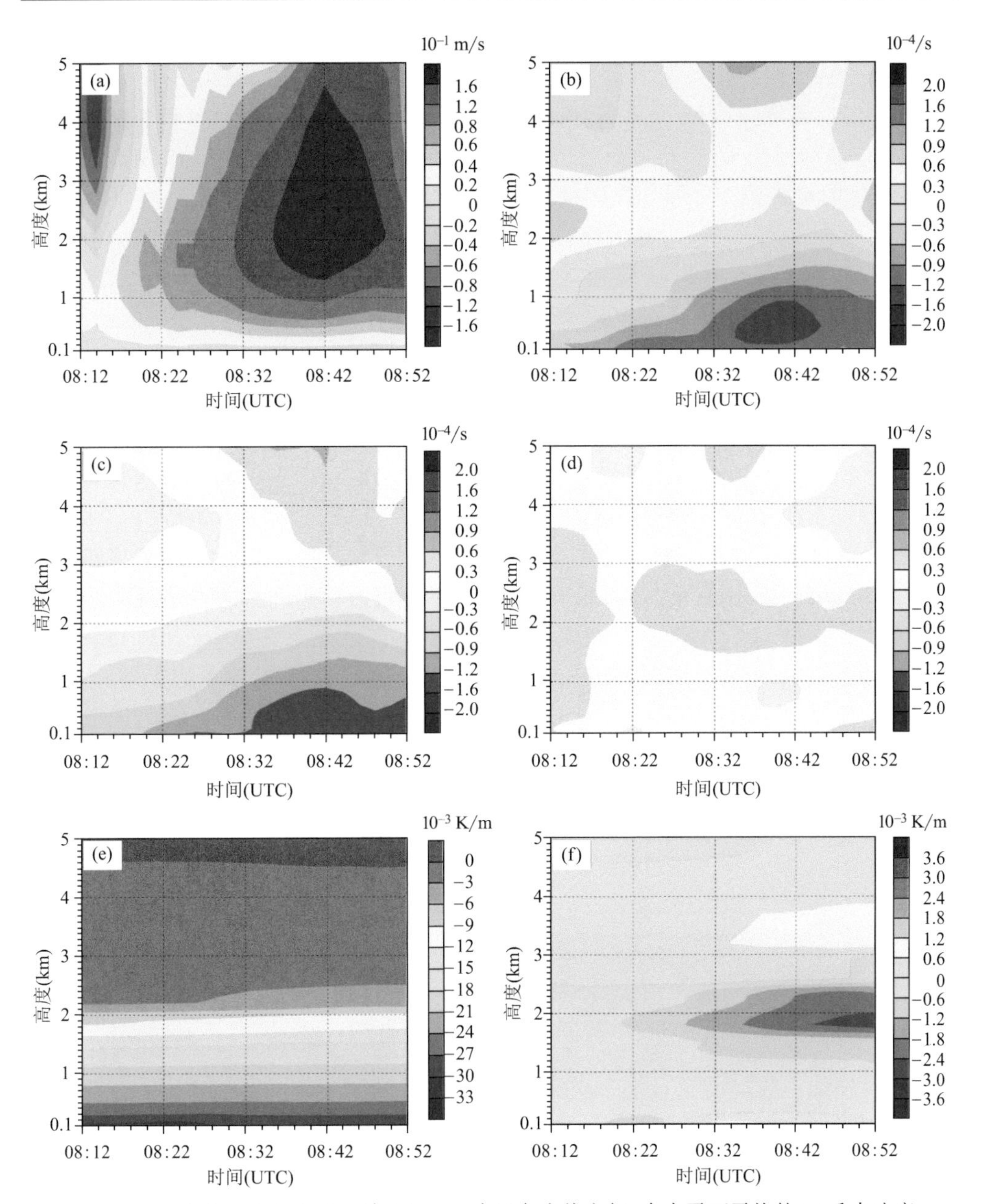

图 4.17　两条锋面之间方形区域(图 4.16 中黑色虚线方框)中水平面平均的(a)垂直速度(填色),(b)水平散度(填色),(c)水平散度在 x 方向的分量($\partial u/\partial x$)(填色),(d)水平散度在 y 方向的分量($\partial v/\partial y$)(填色),(e)饱和相当位温的垂直梯度($\partial\overline{\theta}_e^*/\partial z$)(填色),(f)饱和相当位温垂直梯度($\partial\overline{\theta}_e^*/\partial z$)(填色)的时间距平

由以下两个泊松方程计算 a_b 和 a_d。

$$\nabla^2(\overline{\rho}_{(z)}a_b) = -g\nabla_h^2\rho \tag{4.2}$$

$$\nabla^2(\overline{\rho}_{(z)}a_d)=\frac{\partial}{\partial z}\nabla\cdot[\overline{\rho}_{(z)}(\mathbf{V}\cdot\nabla)\mathbf{V}] \tag{4.3}$$

其中 a_d 的物理意义：把空气水平密度距平当作 0，只考虑动力强迫时产生的垂直加速度。a_b 的物理意义：把动力强迫当作 0，只考虑空气水平密度变化导致的垂直加速度，其包括阿基米德浮力(B)以及环境对由 B 造成的垂直加速度的响应。$B=g\rho'/\overline{\rho}_{(z)}$，g 是重力加速度，$\overline{\rho}_{(z)}$是空气密度的基本态，即所研究的区域中二维（水平面）的均值，只是与高度(z)有关，ρ'是空气密度在某一高度层上的 $\overline{\rho}_{(z)}$ 基础上的扰动。正如一些学者(Krueger et al.，1995；Xu and Randall，2001；Davies Jones，2003；Torri et al.，2015；Xu et al.，2015a)所关注到的那样，通过这种表征方法可以避免空气密度基本态的任意定义。$\mathbf{V}$ 为三维风矢量($\boldsymbol{u}i+\boldsymbol{v}j+\boldsymbol{z}$k)，$\nabla^2$ 和∇_h^2 分别表示三维和二维拉普拉斯算子。

以上泊松方程的数值计算是利用 Adams(1989)开发的多重网格快速计算椭圆型偏微分方程的软件 MUDPACK，在模式最内层(d05)数据中针对发生 CI 区域中选取的一个三维数组进行求解。进行该计算的三维数组在 x，y 和 z 方向的格点数分别为 257，257 和 193；水平格距为 444.4 m，垂直格距为 100 m，完全覆盖了我们所关注的 CI 区域。在计算时，边界条件均利用狄利克雷边界条件(Direchlet boundary conditions)$a_b=0$ 和 $a_d=0$，其被 Jeevanjee 等(2015)认为是最恰当的边界条件。

图 4.18 给出两条锋面之间所取的方形区域中水平面平均的 a_b 和 a_d 随时间的演变情况。从该图中可以看出，低于约 0.4 km 的低层几乎是由正的 a_d 控制（图 4.18a），而且在 08:12—08:36 UTC 时段内具有明显增强的趋势，此外，正 a_d 的高度也有所增高。而在约 0.4 km 以上高度上却出现负的 a_d。其实，低层和高层都有正和负的 a_d 存在（图 4.19），只是因为在低层正的 a_d 出现的区域及其绝对值比负的 a_d

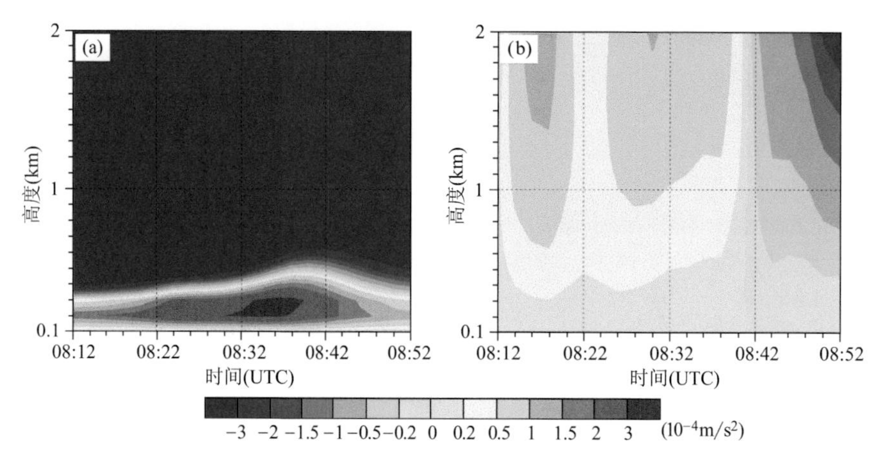

图 4.18　在两条锋面之间方形区域（图 4.16 中黑色虚线方框）中水平面(2D)平均的(a)动力加速度（填色）和(b)浮力加速度（填色）随时间演变情况

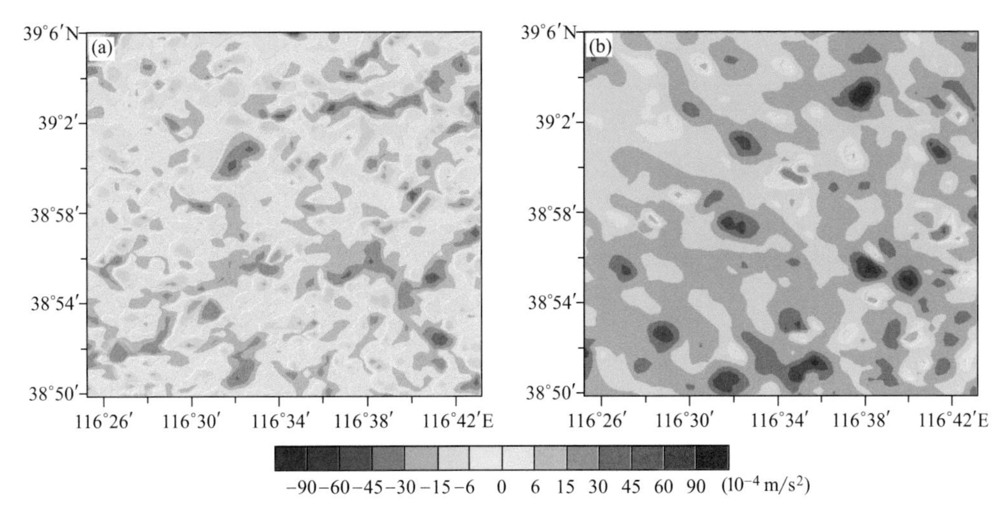

图 4.19 2011 年 7 月 14 日 08:36 UTC 在两条锋面之间方形区域中动力加速度 a_d（填色）在(a)200 m 高度和(b)2000 m 高度上的分布情况

要大一些，所以平均的 a_d 就显得较大一些。对于较高层而言(图 4.19b 所显示的 2000 m 高度)，同样正和负的 a_d 都存在，但负的 a_d 出现的区域及其绝对值比正的 a_d 要大一些，所以平均的 a_d 显得很小。对于 a_b 而言(图 4.18b)，在 08:40 UTC 之前，2 km 以下的高度均为正，而 08:40 UTC 之后就减小到负，而且强度从低层到高层是递增的。在约 0.4 km 以下的低层中正的 a_b 值较小，大概比 a_d 小一个量级。因此，从区域平均意义上，可以推断出该区域低层出现 CI 的驱动力主要来自于 a_d。

以上分析是针对出现 CI 区域中平均意义上的垂直动量特征，在下文中将进一步针对单个对流单体中的空气粒子轨迹进行动量诊断分析。

4.4.2.4 单个对流单体中空气粒子轨迹上的动量诊断

在两条锋面之间的方形区域中选取一个发展较快的对流单体，并对其中的空气粒子进行后向移动轨迹计算，对该后向移动轨迹上的有关垂直动量特征进行诊断分析。其中后向移动轨迹是利用四阶龙格—库塔法(fourth-order Runge-Kutta scheme)计算获得。

在 08:52 UTC，所选取的对流单体中雷达回波强度第一次达到 35 dBZ。因此该时刻被认为是该对流单体中 CI 的出现时间。在该对流单体中选取此时垂直速度 ≥4 m/s 的所有空气粒子，并且对这些粒子从 08:52 UTC 开始进行 30 min 的后向移动轨迹计算(时间分辨率为 2 min)。如图 4.20a 所示，约 75%的空气粒子在 CI 出现前的 30 min(即 08:22 UTC)时处于 1500 m 的高度(行星边界层)之下，而其他粒子处于较高的位置。

从来自 1500 m 以下高度的空气粒子中选取一个代表性空气粒子，进行该粒子运动过程中的拉格朗日和欧拉观点的热力和动力垂直加速度(a_b 和 a_d)所贡献的垂

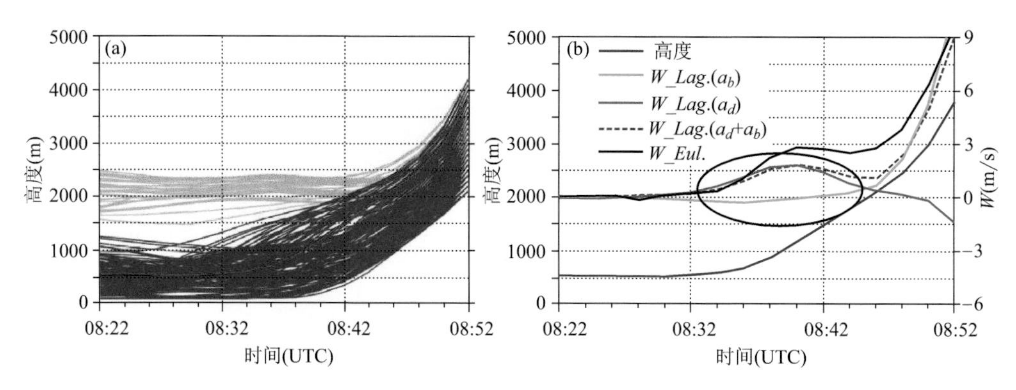

图 4.20 (a)对流单体中出现 CI 时(即 08:52 UTC)垂直速度≥4 m/s 的所有空气粒子 30 min 后向移动轨迹中的高度随时间演变情况(08:22 UTC 粒子轨迹高度低于 1500 m 的粒子高度轨迹标为蓝色,而高于 1500 m 的标为棕黄色),(b)代表性空气粒子轨迹的高度(蓝色实线),及其轨迹上欧拉观点的垂直速度(*W_Eul.*)(黑色实线),由 a_b,a_d 以及它们两共同贡献的拉格朗日观点的垂直速度(分别为 *W_Lag.*(a_b),*W_Lag.*(a_d)和 *W_Lag.*(a_b+a_d))的随时间演变

直速度变化情况(图 4.20b)。选取该粒子作为代表性空气粒子是因为它在后向移动轨迹上 a_b 和 a_d 所贡献的垂直速度特征对于来自 1500 m 以下的粒子对应的平均特征(图 4.21)而言具有代表性,而且特征也较显著。欧拉观点的垂直速度是通过把每个时刻的垂直速度插值到该时刻代表性空气粒子轨迹位置而得到;同样,a_b 和 a_d 也是通过插值获得。而拉格朗日观点的垂直速度是从 08:22 UTC 时刻的空气粒子所在位置的垂直速度开始利用 a_b 和 a_d 对公式(4.1)一步一步向前积分(时间步长为 2 min)而得到。

从图 4.21b 可以看出,拉格朗日垂直速度除了在 08:38—08:48 UTC 时段出现一定偏差之外,其他时间段内基本与欧拉垂直速度一致。也有学者(Evans et al.,2014;Xu et al.,2015b)进行类似的研究时关注到了这种偏差。他们认为,这种偏差在高阶偏微分方程的数值计算中是难免的。他们还指出,针对这种垂直动量诊断数值计算过程中不可能做到公式(4.1)中等号右边与左边量之间的完全相等,因为在推导计算两个加速度的泊松方程过程中略去了摩擦耗散等的作用,并且采用了一些近似的假设。在 08:32—08:44 UTC 时段内,代表性空气粒子的高度出现快速抬升,即从约 500 m 抬升到近 2000 m。如图 4.20b 中黑色粗线椭圆所示,该时段内 a_d 所贡献的垂直速度(红色实线)明显大于 a_b 贡献的垂直速度(绿色实线),后来 a_b 贡献的垂直速度快速增强,而 a_d 贡献的垂直速度却减弱。

图 4.21 显示了所选取的空气粒子中来自 1500 m 以下的所有空气粒子平均的欧拉和拉格朗日观点的垂直速度变化特征。正如图中黑色粗线椭圆所示,在平均的快速抬升时段(08:36—08:46 UTC)内,a_d 所贡献的垂直速度(红色实线)同样大于

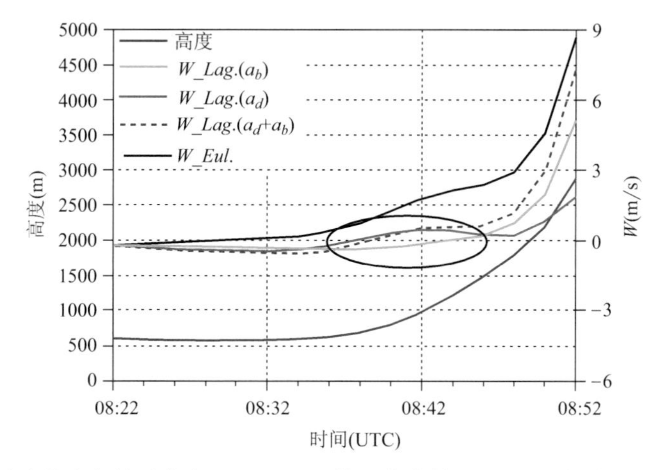

图 4.21　选取的空气粒子中在 08:22 UTC 轨迹高度低于 1500 m 的粒子平均轨迹高度（蓝色实线），以及它们轨迹上平均的欧拉观点垂直速度（$W\_Eul.$），由 a_b，a_d 及两者共同贡献的拉格朗日观点的垂直速度（分别为 $W\_Lag.(a_b)$，$W\_Lag.(a_d)$ 和 $W\_Lag.(a_b+a_d)$）的随时间演变情况

a_b 贡献的垂直速度（绿色实线）。因此可以推断，该对流单体中的 CI 主要是由于 a_d 导致的。

计算 a_d 的式子（4.3）中等号右边的项 $\nabla\cdot[\overline{\rho}_{(z)}(\mathbf{V}\cdot\nabla)\mathbf{V}]$ 可分解为以下四个项。

$$\nabla\cdot[\overline{\rho}_{(z)}(\mathbf{V}\cdot\nabla)\mathbf{V}]=\overline{\rho}_{(z)}\left[\left(\frac{\partial u}{\partial x}\right)^2+\left(\frac{\partial v}{\partial y}\right)^2+\left(\frac{\partial w}{\partial z}\right)^2\right] \tag{4.4a}$$

$$+2\overline{\rho}_{(z)}\left(\frac{\partial v}{\partial x}\frac{\partial u}{\partial y}\right) \tag{4.4b}$$

$$+2\overline{\rho}_{(z)}\left(\frac{\partial w}{\partial x}\frac{\partial u}{\partial z}+\frac{\partial w}{\partial y}\frac{\partial v}{\partial z}\right) \tag{4.4c}$$

$$-\overline{\rho}_{(z)}\left[w^2\frac{\mathrm{d}^2\ln(\overline{\rho}_{(z)})}{\mathrm{d}z^2}\right] \tag{4.4d}$$

其中，式（4.4a）等号右边的项被称为伸展项，式（4.4b）和（4.4c）分别被称为水平弯曲项和垂直扭转项，而式（4.4d）表示垂直速度平方和基本态空气密度的垂直变化的组合作用，被称为密度有关项。把这四个项分别代入公式（4.3）等号右边后对泊松方程求解即可计算得这几个项对总的 a_d 的贡献。

图 4.22a 给出了组成 a_d 的四个项及其总和（a_d）在两条锋面之间方形区域中 400 m 及以下高度的平均值的演变情况。可以看出，正的 a_d 主要是由伸展项贡献，而垂直扭转项的贡献却始终是负的。相比而言，其他两个项的值很小，可以忽略不计。图 4.22b 反映出这四个项及其总和（a_d）在代表性空气粒子轨迹上 08:22—08:52 UTC 时段内的变化情况。其中，总的 a_d 在 08:26—08:40 UTC 时段内表现

出正值。组成 a_d 的四个项中，伸展项在 08:22—08:50 UTC 时段内一直具有正的贡献，特别是在总的 a_d 具有峰值时（约 08:38 UTC 时），同样也出现了峰值。总体而言，水平弯曲项和垂直扭转项对 a_d 是负的贡献，a_d 在 08:438—08:44 UTC 时段出现快速递减过程，该两项同时出现递减的趋势，尤其是垂直扭转项递减得较显著，起到了决定性作用。密度有关项虽然在前面大部分时间几乎为零，但在 08:48 UTC 之后的最后几分钟内有所增强，估计是因为此时开始该代表性空气粒子的垂直速度明显增大了的原因（该项中有垂直速度平方的贡献）。

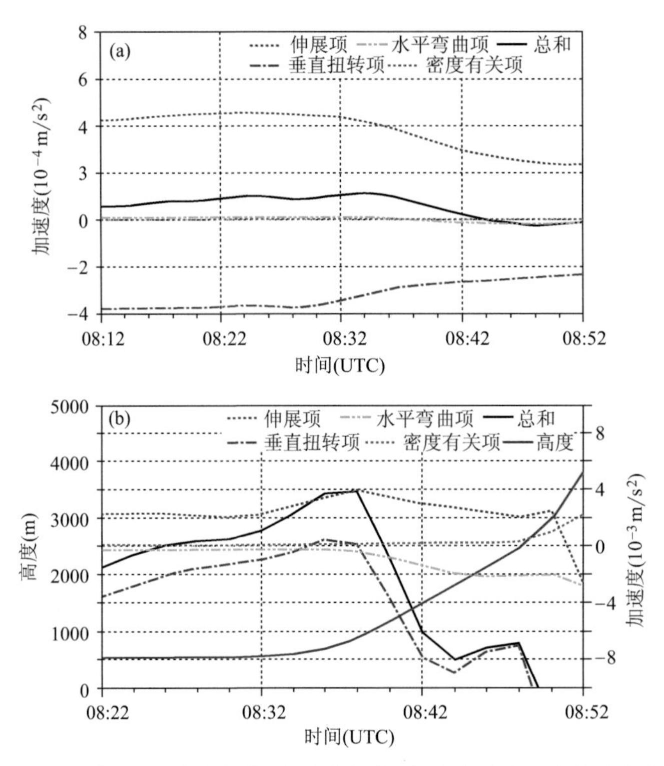

图 4.22　组成 a_d 的伸展项，水平弯曲项，垂直扭转项，垂直速度跟密度垂直变化率有关项（密度有关项）以及它们的总和在(a)两条锋面之间方形区域中 400 m 及以下高度的平均值和(b)在代表性空气粒子轨迹上随时间演变情况，同时叠加了粒子轨迹高度（蓝色实线）

综上所述，无论是从区域平均意义上还是单个对流单体中空气粒子轨迹上的特征来讲，伸展项在组成 a_d 的四个项中表现出最强的正贡献特征。因此，结合区域平均意义上的分析结果可以推断，在两条锋面相向移动过程中低层的挤压辐合作用贡献了该伸展项，并且为本次 CI 提供了动力抬升触发机制。

4.4.3　海风锋与阵风锋碰撞触发Ⅱ型局地雷暴概念模型

海风锋与阵风锋碰撞触发Ⅱ型局地雷暴概念模型在图 4.23 给出。在其发生的早期阶段(图4.23a和d),有一条海风锋向内陆推进,同时有一条阵风锋从陆地向海风锋迎面而来,在两者中间区域的气团为相对较暖。过一段时间之后,两条锋面移动到一定的距离并即将碰撞时(图4.23b和e),在它们之间的暖气团开始被挤压。在两条锋面完全碰撞后(图4.23c和f),原先在两条锋面之间的暖气团完全被挤压抬升到海风锋上方,形成非典型锢囚过程。原先在阵风锋后方的冷气团与海风锋后部的冷气团之间的界面就被称为锢囚锋。

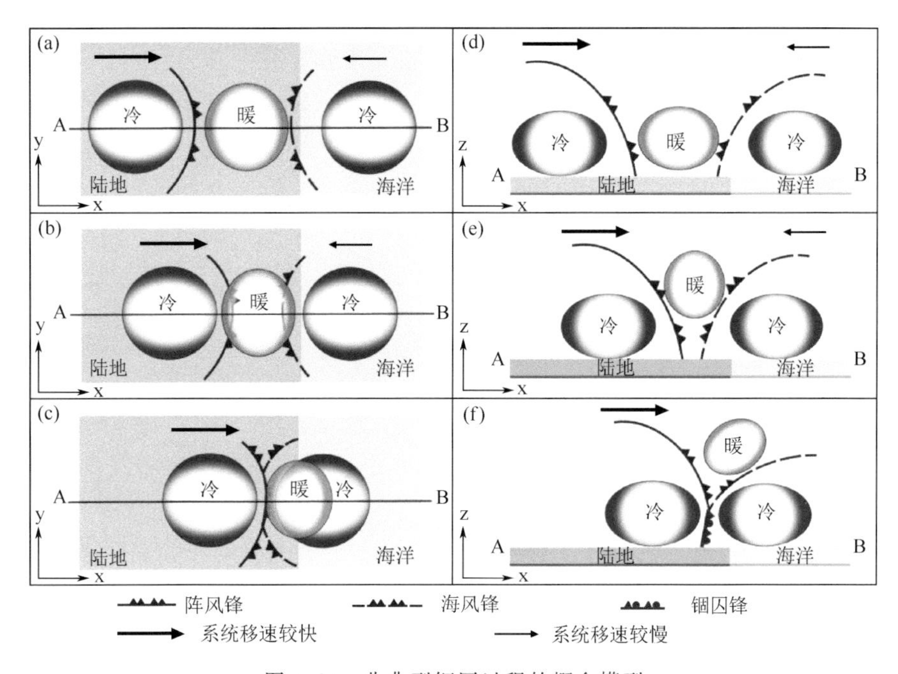

图4.23 非典型锢囚过程的概念模型

(a,b,c)表示海风锋与阵风锋相向移动并碰撞形成非典型锢囚过程的三个阶段平面示意图,(a)两条锋面在相向移动,但距离较远,(b)两条锋面移动到即将碰撞并开始挤压它们之间暖气团,(c)两条锋面完全碰撞后把原先在两者中间的暖气团挤压抬升到海风锋上方,并形成锢囚结构。(d~f)表示(a~c)中沿着AB线段的垂直剖面图(图中黑色箭头大小和方向表征两条锋面的移动方向和相对速度大小,(f)中紫色锋面符号表示锢囚锋)

4.5 海风锋与阵风锋碰撞触发龙卷典型个例

2016年6月5日15:12—15:27,海南东北部的文昌出现了EF2级强龙卷,造成1人死亡11人受伤。王秀明等(2019)利用海口多普勒天气雷达等观测资料指出初始风暴在文昌附近向西传播,同时海口风暴亦由海风锋触发并向东移动,两风暴下沉气流导致的出流相遇在海风锋辐合线上触发了龙卷母云体。此次强龙卷出现在弱的大尺度系统强迫背景下,水平风垂直切变弱,海风锋、出流边界等边界层β中尺度辐合线边界在龙卷形成过程中可能起着决定性作用。

从海口多普勒天气雷达基本反射率因子演变可知，14:12 后不断有新生积云在老的雷暴单体西侧沿着海风锋辐合线发展，形成多单体风暴，图 4.24 给出海风锋辐合线（黑色虚线）使得文昌多单体风暴掉头向西传播的图像。14:37 海口风暴位于雷达站正东 25 km 处，反射率因子图上风暴东南侧 10 km 左右可见与风暴出流对应的呈弧形的窄带回波（图 4.24a 红色虚线）。海口风暴稳定少动且逐渐减弱而阵风锋继续向东推进。13:30—14:50，反射率因子图上可见东北—西南向窄带回波（图 4.24 黑色虚线），该窄带回波东段与海南东北角的海风锋辐合线重合，文昌多单体风暴位于其东端。两条窄带回波相向移动并与 14:50 相遇（图 4.24c），相遇后辐合显著加强（王秀明 等，2019）。

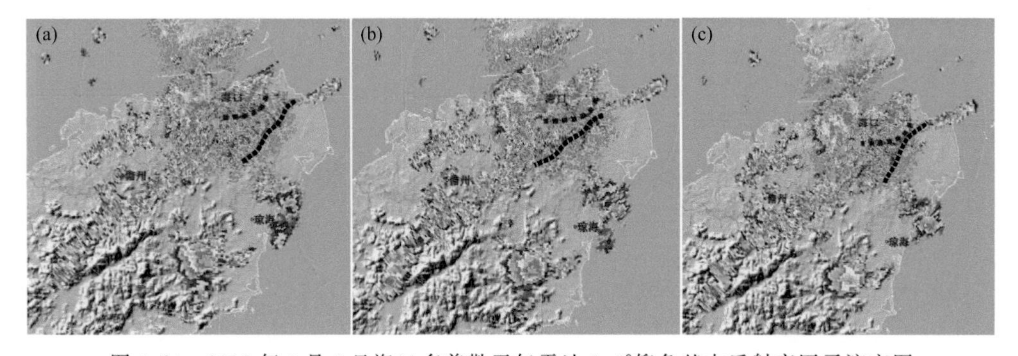

图 4.24　2016 年 6 月 5 日海口多普勒天气雷达 1.5°仰角基本反射率因子演变图
(a)14:37，(b)14:44，(c)14:50（红色虚线表示阵风锋，黑色虚线表示海风锋）

第5章 海风锋与弱冷锋触发雷暴天气的观测特征

5.1 海风锋与弱冷锋的多普勒天气雷达观测特征

根据多普勒天气雷达观测发现,海风锋在0.5°仰角基本反射率因子图上呈现弱窄带回波线,强度一般维持在15～30 dBZ左右。海风锋触发对流风暴大多发生在每年的6—8月份,一般在10:00—12:00开始生成后向内陆移动,17:00—18:00从雷达观测消失,因为距离超出了雷达探测范围。海陆风辐合线维持6～7 h,移动方向西或向西北推进,当遇到冷锋弱回波时,回波相交处迅速加强。

气压场较弱时会出现多条辐合线,当辐合线缓慢向内陆移动过程中相交、叠加或与弱冷锋相遇触发对流风暴。在渤海海面形成的边界层辐合线,是渤海湾东北部海岸附近对流单体产生的出流边界,在海面偏东风的作用下出流边界脱离对流单体缓慢向渤海西海岸移动,在海岸线附近与海风锋相交或叠加,触发沿海强对流天气。

5.2 海风锋与弱冷锋相互作用的自动气象站特征

从自动站观测的数据显示可以看出,海风锋形成后附近表现出明显的锋面特性;长度随温度、湿度和风场的变化而变化,对低层大气有动力抬升作用;它是对流风暴发生、发展的动力条件之一。在渤海西海岸形成的边界层辐合线,大多是由海陆风引起的海风锋;气压场较弱时会出现多条辐合线,当辐合线缓慢向内陆移动过程中相交、叠加或与弱冷锋相遇触发对流风暴(对流风暴包括普通单体风暴、多单体风暴、线风暴即飑线、超级单体风暴)。大多数辐合线随对流风暴的结束逐渐消失。

海风锋形成后气象要素的变化特征,主要包括气温下降和风向转变。气温大多下降2～4 ℃,风向多由西南风转为东南风或北风转偏东风,海风强度每2 min最大平均为5.7 m/s。同时相对湿度也逐渐增加。另外,海风锋移动速度非常缓慢,平均速度仅有10～15 km/h。

应用天津255 m高的气象铁塔资料对2008年6月1日海风锋活动做细致分析(图5.1),前期至08:50一直吹北风(2 m/s);09:00—09:30由低层到高层由北风逐渐转为东北风,09:30以后逐渐转为东风,气温由24 ℃逐渐降低到20 ℃。同时,湿度是缓慢上升的过程,表现为10 m、120 m和220 m三层湿度都均匀增加。这表明

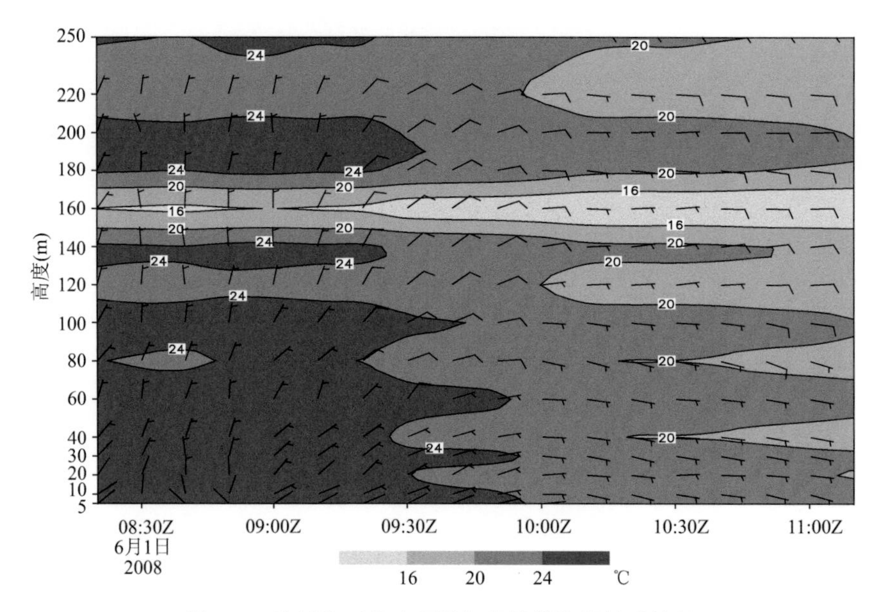

图 5.1 海风锋天津边界层气象铁塔资料活动特征

海风锋经过内陆时，风向由北风转为东风，气温降低同时湿度是增加的过程。

5.3 海风锋与弱冷锋碰撞触发雷暴环境参数特征

根据多普勒天气雷达观测弱冷锋来源，按照来源将其分为三种类型，分别为东北路径、北方路径、偏西路径。

表 5.1 是强对流实例 08:00 环境参数，CAPE* 是订正到 14:00 强对流天气发生地附近的 CAPE 值。由分析看出，6 次过程在午后雷暴发生之前，CAPE 都有较大增加；ΔT(850 hPa 与 500 hPa 温差)值较大。东北路径弱冷锋与海风锋相遇，如 2002-07-15、2018-07-05 这两次过程订正 CAPE* 值中等强度，0～6 km 高度垂直风切变中等大小，主要以雷暴、短时大风、冰雹为主。这类路径的雷暴具有尺度小、灾害重、易漏报的特征。北方路径弱冷锋与海风锋碰撞如 2009-06-29、2015-07-30 是这两次过程订正 CAPE* 值中等偏大，0～6 km 高度有很大垂直风切变，ΔT 值较大，中层较为干冷，主要产生大冰雹、雷暴大风(大于 18 m/s)强对流天气，最大冰雹直径约 30 mm。偏西路径冷锋与海风锋碰撞如 2017-07-09、2008-07-04，这两次过程订正 CAPE* 值很大，0～6 km 高度垂直风切变偏小，产生雷暴、强降水、小冰雹及灾害性大风。对于强对流往往要求对流抑制能量(CIN)有一较为合适的值：太大，抑制对流程度大，对流不易发生；太小，能量不易在低层积聚，对流调整易发生，从而使对流不能发展到较强程度。0～6 km 垂直风切变(Wsr0-6)反映风随高度的垂直变化，垂直切变越大，越有利于对流的组织发展和强对流发生。

表 5.1　典型个例环境物理量参数表

日期	时次 (探空地点)	$K/\Delta T$ (℃)	CAPE/CAPE* (J/kg)	CIN (J/kg)	Wsr0-6 (m/s)
2002-07-15	08:00(乐亭)	33/32	735/1067*	22	16.0
2008-07-04	08:00(北京)	31/29	1129/4136*	364	11.4
2017-07-09	08:00(北京)	31/33	2807/3373*	206	14.0
2015-07-30	08:00(济南)	43/28	1564/3106*	157	18.0
2009-06-29	08:00(青岛)	6/31	260/1697*	342	20.8
2018-07-05	08:00(北京)	32/28	642/1439*	340	13.4

5.4　典型个例

5.4.1　东北冷锋与海风锋碰撞触发对流风暴——个例 1

2002 年 7 月 15 日海风锋(蓝色箭头)与东北路径弱冷锋碰撞、触发强对流天气过程。天津多普勒天气雷达观测在 0.5°仰角的基本反射率图上，11:00 沿渤海湾形成一条带状回波，基本与渤海湾海岸线平行，这条回波带沿着海岸线几乎呈准静止状态(图 5.2a 中箭头所示)；至 13:00 带状回波宽度减小到 10 km，长度有约 200 km，距渤海已有约 50 km(图 5.2b 中的箭头所示)，回波高度始终在 1.5 km 以下的边界层内，强度维持在 20 dBZ 左右。随后逐渐发展，渤海湾海风锋继续向内陆缓慢推进，同时在东北方向探测有一条弱窄带回波(图 5.2b 中的箭头所示)也在缓慢向东南方向移动，15:00 这条弱窄带回波与海风锋在玉田(图 5.2c)基本呈 90°的交角碰撞，在两条锋面的交叉处立即发展为强度达 40 dBZ 的回波，并继续向东南方向移动，强度继续加强，至 15:40 东移至宁河(图 5.2c 中)发展为成熟阶段。此时，1.5°、2.4°两个仰角强度产品上均探测到 65 dBZ 的强回波，强回波中心基本呈椭圆状，悬浮于中空，这说明前侧有很强的上升气流，支撑着冰雹的继续碰并增长，之后在宁河出现大冰雹。

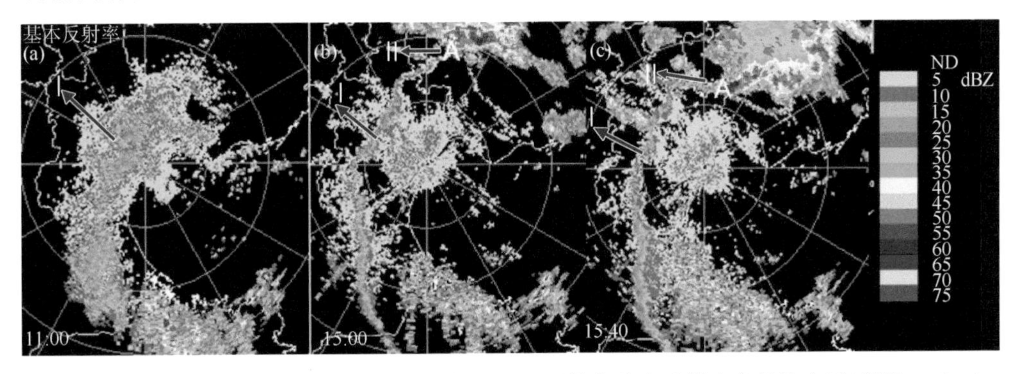

图 5.2　2002 年 7 月 15 日天津多普勒天气雷达 0.5°仰角基本反射率产品演变图(每圈 50 km)

配合自动气象站资料对这次过程做了详细的分析。自动气象站资料显示 15:00 蓟县由西风转为东北风(图 5.3),16:00 宝坻也转为东北风,以后自北向南陆续转为东北风,这表明自东北方向下来一股冷空气。这股冷空气在 16:10 到达宁河。随着渤海湾海风锋在向内陆推近的同时,宁河自 11:00 开始一直维持东南风,至 14:00 东南风加大,维持在 7 m/s,这种情况持续近 2 h。至 16:00 与东北方向下来的弱冷锋相互碰撞。宁河在 15:55 实况观测有冰雹,直径达 34 mm,并有短时大风等强对流天气,16:20 以后转变为东北风,东北风的最大风速为 9.7 m/s。随着冷空气占据主导地位,强对流天气也随之结束。

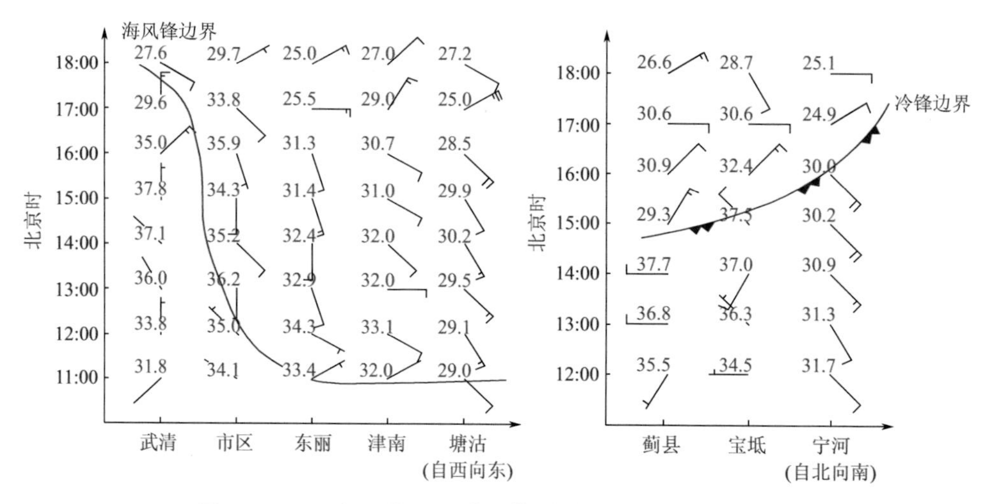

图 5.3 2002 年 7 月 15 日海风锋(实线)与冷锋随高度变化

5.4.2 东北冷锋与海风锋碰撞触发对流风暴——个例 2

2018 年 7 月 5 日天津多普勒天气雷达观测在 0.5°仰角反射率因子图上可以看到,13:18,受冷锋影响在河北东北部有块状回波生成,回波自东北向西南方向移动,回波在移动过程中不断加强;块状回波形成的阵风锋辐合线在雷达站北部与海风锋辐合线相交,如图 5.4a 箭头所示;14:42 南下的块状回波在两条辐合线的交汇处发展加强(图 5.4b),14:54 回波移至唐山地区明显加强(图 5.4c),中心达到 60 dBZ 以上;0.5°仰角以及 1.5°仰角速度图上,可以发现正负速度对,图中黄色圆圈部位产生中气旋(图 5.4d),且垂直发展超过 6.0°仰角。唐山地区出现直径 17 mm 的小冰雹及 8 级以上短时大风。15:00 以后雷暴单体沿着辐合线不断生成并影响天津地区(图 5.4e、f),最大回波强度 45 dBZ,天津以强降水为主,降水时段在 15:00—20:00,最大降水量为 38.7 mm,最大小时雨强为 20.4 mm/h。天津多地出现 18 m/s 以上短时大风。

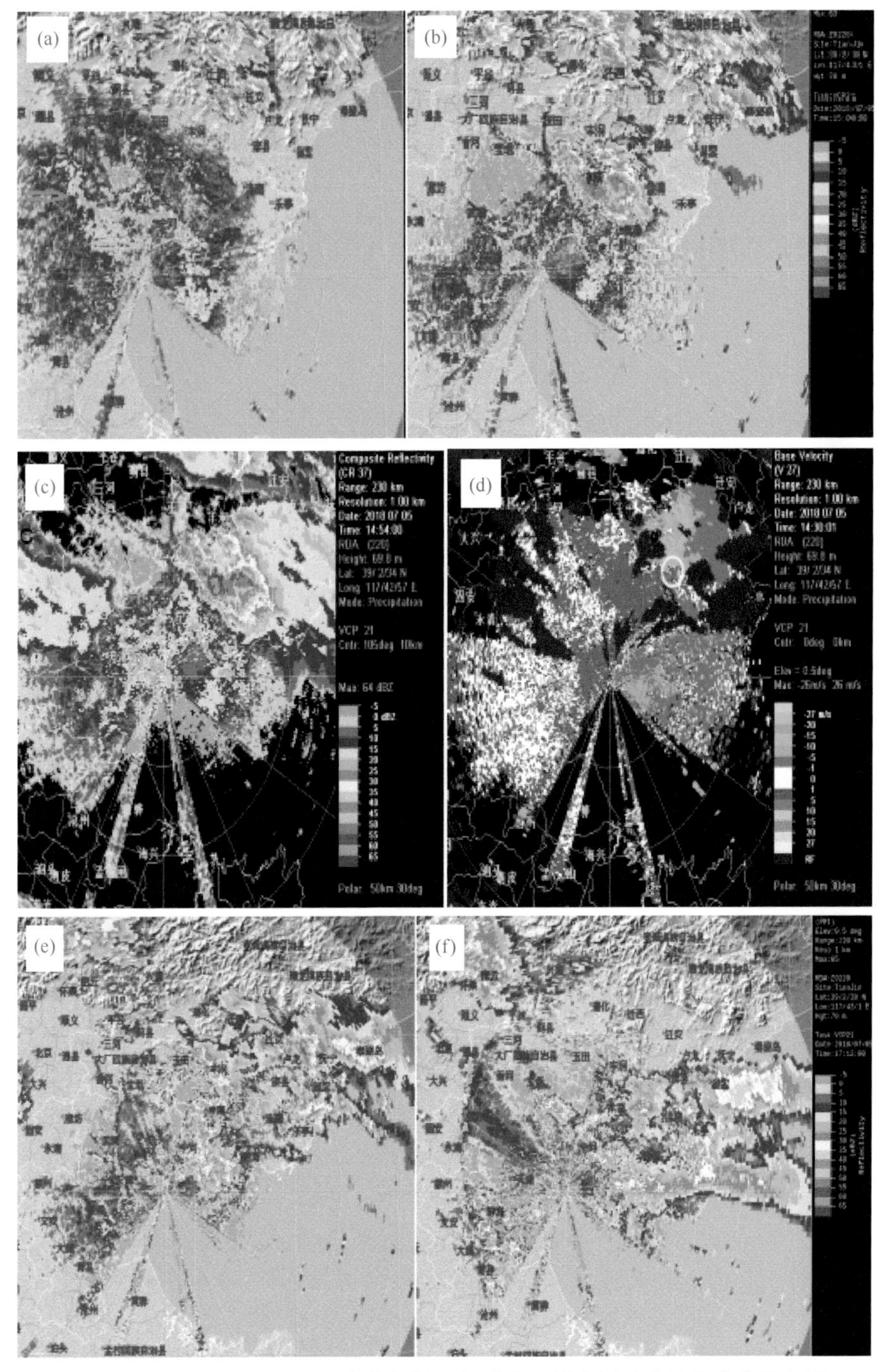

图 5.4　2018 年 7 月 5 日天津多普勒天气雷达反射率因子和径向速度演变图

(a)13:18,(b)14:42,(c、d)14:54,(e)16:12,(f)17:12

5.4.3 北方路径冷锋与海风锋碰撞触发对流风暴——个例 1

冷锋南压过程中，雷达低仰角反射率因子图上有时呈现窄带回波，并触发对流风暴。在山东多见于渤海西部及南部沿岸地区。

图 5.5 是 2009 年 6 月 29 日烟台雷达反射率因子和径向速度产品。12:30 前后 0.5°仰角反射率因子出现两条窄带回波(图 5.5a)，一条回波带位于西北部的海上，距离雷达较近(40 km 左右)，径向速度上对应区域零速度线具有明显折角，典型冷锋特征。另一条回波带位于龙口海岸附近，径向速度上看不出辐合现象(图 5.5b)，是海风锋辐合线。位于海上的弱回波带逐渐向雷达靠近，陆上的海风锋弱回波带逐渐向内陆移动，两条弱回波带在雷达站西北部相连(图 5.5c)，14:40 前后基本呈一条东西向的弱回波带(图 5.5d)并经过雷达站点，低层径向速度上呈现锋面经过雷达站的典型特征(图 5.5e)。14:04 组合反射率产品显示，在雷达西偏南 150 km 处，辐合线的西南端点出现第一个对流单体(图 5.5f)，对比 14:00 地面风场资料，新生对流单体位于辐合线上，由于距离较远原因，雷达无法探测到远处的窄带回波。第一个对流单体迅速发展成强风暴，17:23 消散，历时 3 h 20 min，该长寿命孤立风暴主要影响青岛地区，旺盛阶段长时间出现旁瓣回波(图 5.5g、h)，地面出现大冰雹。同时，触发雷暴的左侧(窄带回波来向为参考)窄带回波上相继出现多个对流单体并迅速发展，每一个对流单体都是由前一个对流单体产生的阵风锋与辐合线相交共同触发的，新生单体又产生冰雹、雷暴、大风强对流天气，主要影响烟台地区(刁秀广，2018)。

2009 年 6 月 29 日山东半岛强对流天气由海风锋和冷锋合并后共同触发，识别出冷锋约 1 h 30 min 后激发出第一个对流风暴。对流首先出现在东西向窄带回波的西南端，后继的雷暴在其左侧不断激发。

5.4.4 北方路径冷锋与海风锋碰撞触发对流风暴——个例 2

冷锋在渤海湾南下与向内陆移动的海风锋相交，触发系列对流风暴，产生范围较大的对流天气。

图 5.6 是 2015 年 7 月 30 日潍坊雷达反射率因子和径向速度产品。11:36 雷达 0.5°仰角反射率因子产品显示，在其北部识别出近似东西向的弱回波带(图 5.6a)并逐渐向南压，该弱回波带由冷锋形成，12:50 前后在弱回波带的中间区域首次出现对流风暴(图 5.6b)，对应的径向速度上可分析出辐合现象(图 5.6c)，同时在雷达站东南方向约 100 km 处存在另一条弱回波带，是由海风锋所致。13:52，首次激发对流单体的左侧相继(窄带回波来向为参考)出现多个雷暴，同时冷锋弱回波带和雷暴出流边界基本合为一体，海风锋弱回波带右端(海风锋来向为参考)与冷锋弱回波带左端逐渐靠近，同时在海风锋右端点触发出对流单体(图 5.6d)。14:39、15:05，海风锋与弱冷锋激发的对流单体不断加强(图 5.6e、f)。冷锋上的雷暴出流边界逐渐离开对流单体，在东部始终与海风锋相交，15:44、16:15 和 16:50(图 5.6g、h、i)几个时次

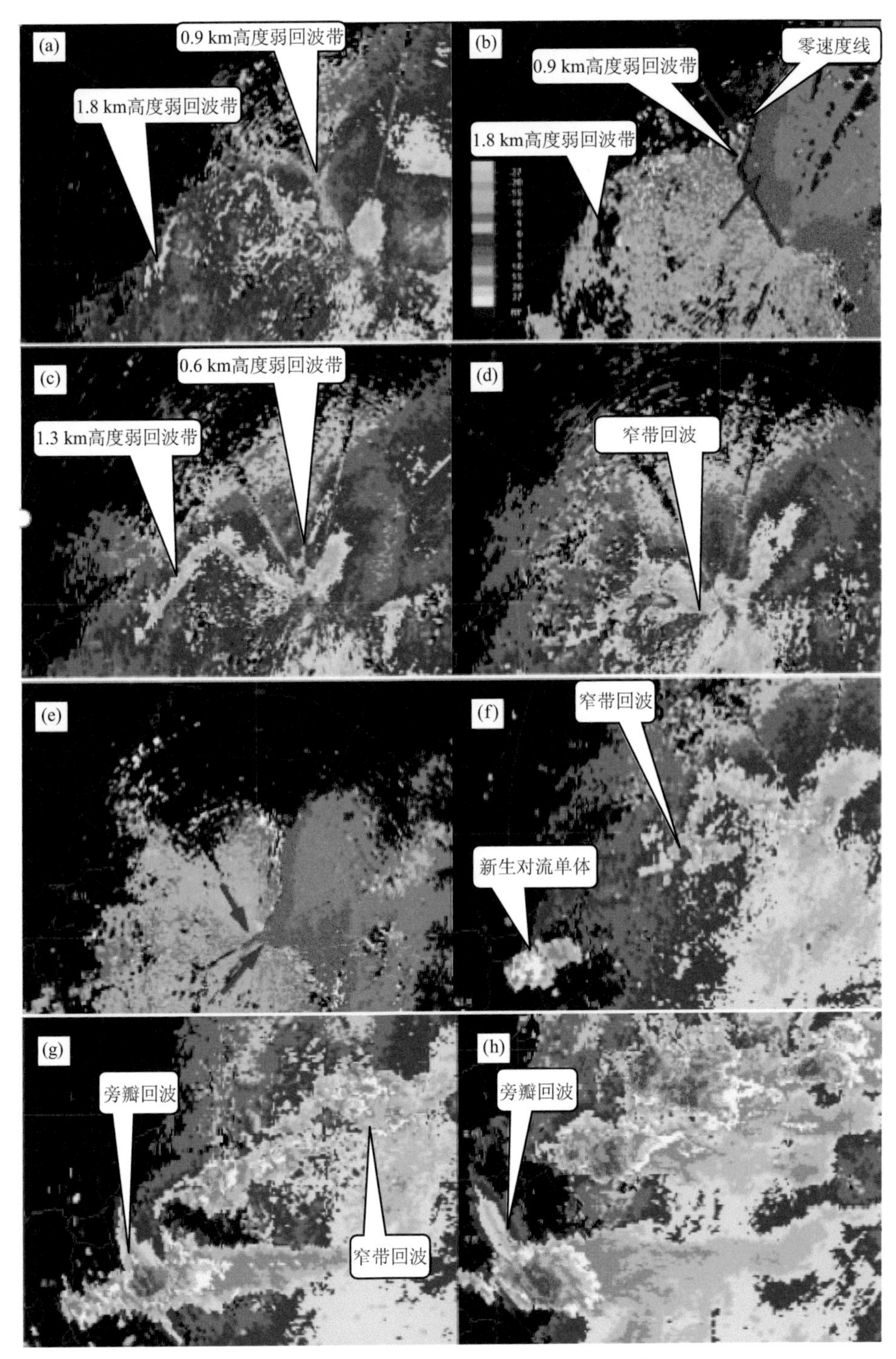

图 5.5　2009 年 6 月 29 日烟台雷达反射率因子和基本径向速度产品(a,c,d)12:32,13:39,14:40;0.5°仰角 R19(b,e)12:32,14:40;0.5°仰角 V27 (f,g,h)14:04,14:52,15:59 CR37

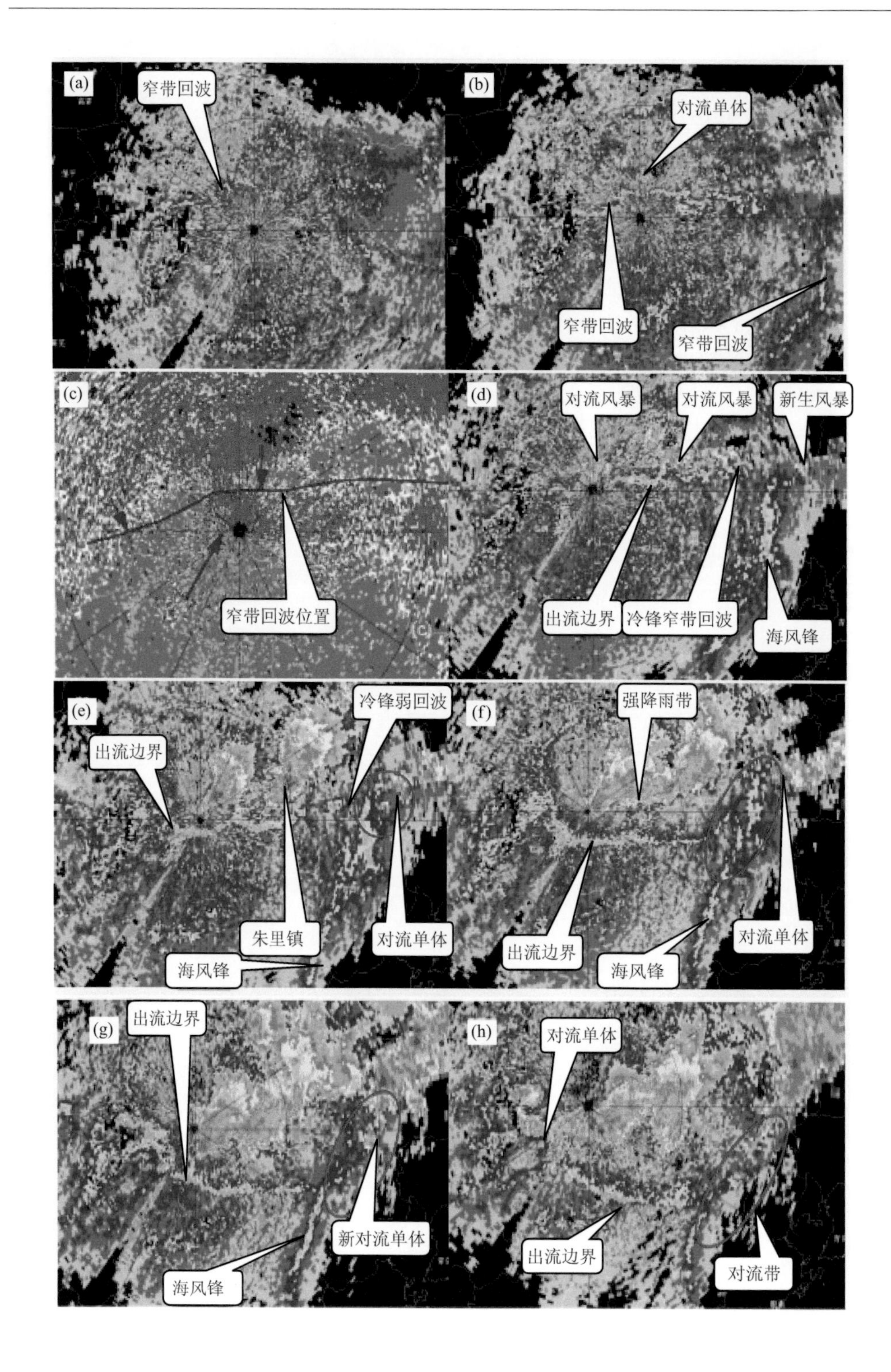
(a)
窄带回波
(b)
对流单体
窄带回波
窄带回波
(c)
窄带回波位置
(d)
对流风暴
对流风暴
新生风暴
出流边界
冷锋窄带回波
海风锋
(e)
冷锋弱回波
出流边界
朱里镇
对流单体
海风锋
(f)
强降雨带
出流边界
对流单体
海风锋
(g)
出流边界
新对流单体
海风锋
(h)
对流单体
出流边界
对流带

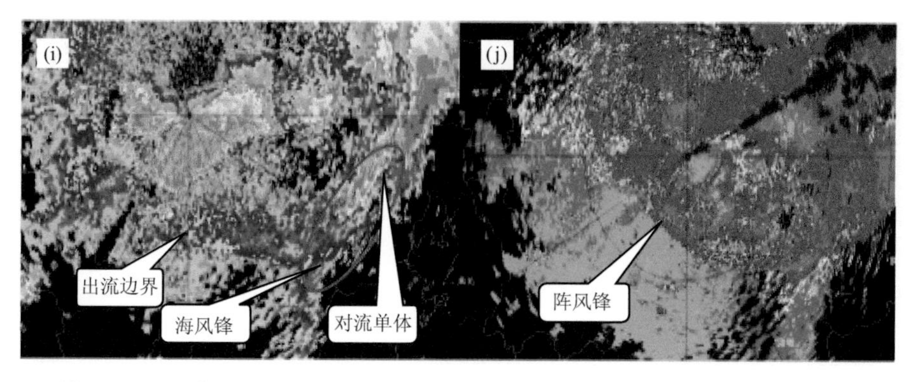

图 5.6　2015 年 7 月 30 日潍坊多普勒天气雷达反射率因子和基本径向速度产品
(a)11:36,(b)12:59,(d)13:52,(e)14:39,(f)15:05,(g)15:44,(h)16:15,
(i)16:50 0.5°仰角 R19,(c,j)12:59,16:15 0.5°仰角 V26

可明显看出,出流边界和海风锋在的交汇区域激发新生对流单体向西南方向延伸,而对流风暴移动方向基本是东北向;两种边界的合并,使得新生雷暴沿合并区向西南方向传播,具有后向传播特征。同时,还可以明显看出,冷锋触发的对流风暴加强发展,形成雷暴带并逐渐南压,在昌乐至昌邑一带产生冰雹、大暴雨和雷暴大风天气,强风暴下沉气流也形成清晰的出流边界,但出流边界并没有产生地面大风。16:15 径向速度上阵风锋辐合明显(图 5.6j),同时激发新的对流单体,向西偏南方向传播,形成后向传播演变特征,影响潍坊西南部及淄博、临沂一带(刁秀广,2018)。

5.4.5　偏西路径冷锋与海风锋碰撞触发对流风暴——个例 1

2008 年 7 月 4 日天津多普勒天气雷达观测在 0.5°仰角基本反射率因子图上,11:42 雷达站的西南方配合海风锋产生一条弱窄带回波(图 5.7a 中箭头所指),强度小于 20 dBZ 并缓慢向西移动。14:00 大港地区海风锋两侧温差达 4 ℃,14:24 窄带回波南端在大港地区触发对流单体,强度达到 48 dBZ(图 5.7b 中的箭头所指),产生雷阵雨天气;之后对流单体在辐合线南端不断生消,均有雷阵雨生消与之对应。16:24 辐合线的中部在武清与另一条弱辐合线相交,产生多单体对流风暴(图 5.7d 中的圈处),强度达到 55 dBZ,出现强雷阵雨。之后对流单体沿辐合线向东北移动。17:00 地面自动站观测图上在京津相交处有一条弱冷锋 A 迅速东移与海风锋 B 相遇,在宝坻、蓟县辐合加强(图 5.7c 中 A、B 线)。18:06 宝坻触发对流单体,强度达到 65 dBZ,(图 5.7e 中箭头所指),并在宝坻出现中气旋(图略)。之后对流单体迅速移到蓟县发展为多单体强对流风暴(图 5.7e 中的圈处),强度达到 65 dBZ。在其移动的右前方出现下击暴流缺口,最大回波顶高度 17 km。在 2.4°仰角基本速度图上,18:12 蓟县出现强中气旋(图 5.7f 中的圈处),三个体扫后减弱消失,在宝坻、蓟县出现强雷阵雨、冰雹和飑线,产生灾害性大风。

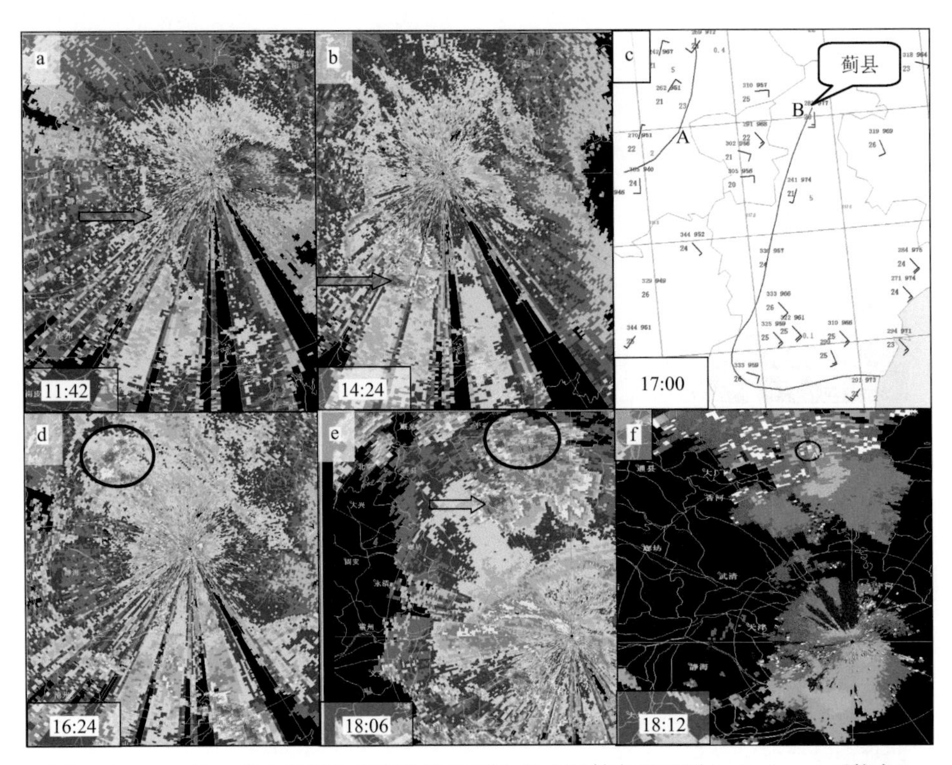

图 5.7　2008 年 7 月 4 日天津多普勒天气雷达基本反射率因子图(a,b,d,e,0.5°仰角)(f)基本速度图(2.4°仰角)(c)地面图

5.4.6　偏西路径冷锋与海风锋相遇触发对流风暴——个例 2

2017 年 7 月 9 日 20:00,河套以东有前倾槽东移;地面图上天津地区处于明显的气旋性环流控制,属于系统性的上升运动区,加之前 3 日京、津、冀地区最高气温普遍达到 34～36 ℃,地面的热力抬升更加剧了大气的不稳定性。

2017 年 7 月 9 日 15:42 天津多普勒天气雷达观测 0.5°仰角图上,在观测站的西北至西部有三条海风锋形成的辐合线(图 5.8a),缓慢向西移动,到 17:18 辐合线在静海北部、西青西部相交(图 5.8b)箭头所示;20:12 新生对流单体位于辐合线上,与 20:00 地面风场资料吻合,由于距离较远原因,雷达无法探测到辐合线远处的窄带回波。在辐合线相交处回波强度迅速加强到 55 dBZ(图 5.8c 圈处);一个体扫后,20:18 组合反射率图上静海北部回波达 60 dBZ(图 5.8d 圈处),同时刻对应速度图上可以看到有明显的中气旋生成。受中气旋影响,产生雷暴、小冰雹、强风天气。之后冷锋云系移近,21:00 对流单体与西来冷锋回波合并加强,向东北缓慢移动,对流单体不断生消,强度维持在 55 dBZ(图 5.8e),在武清、西青等地区出现雷雨、大风、强降水;23:00 回波在蓟县受地形抬升影响再次加强,产生雷雨大风(图 5.8f)。

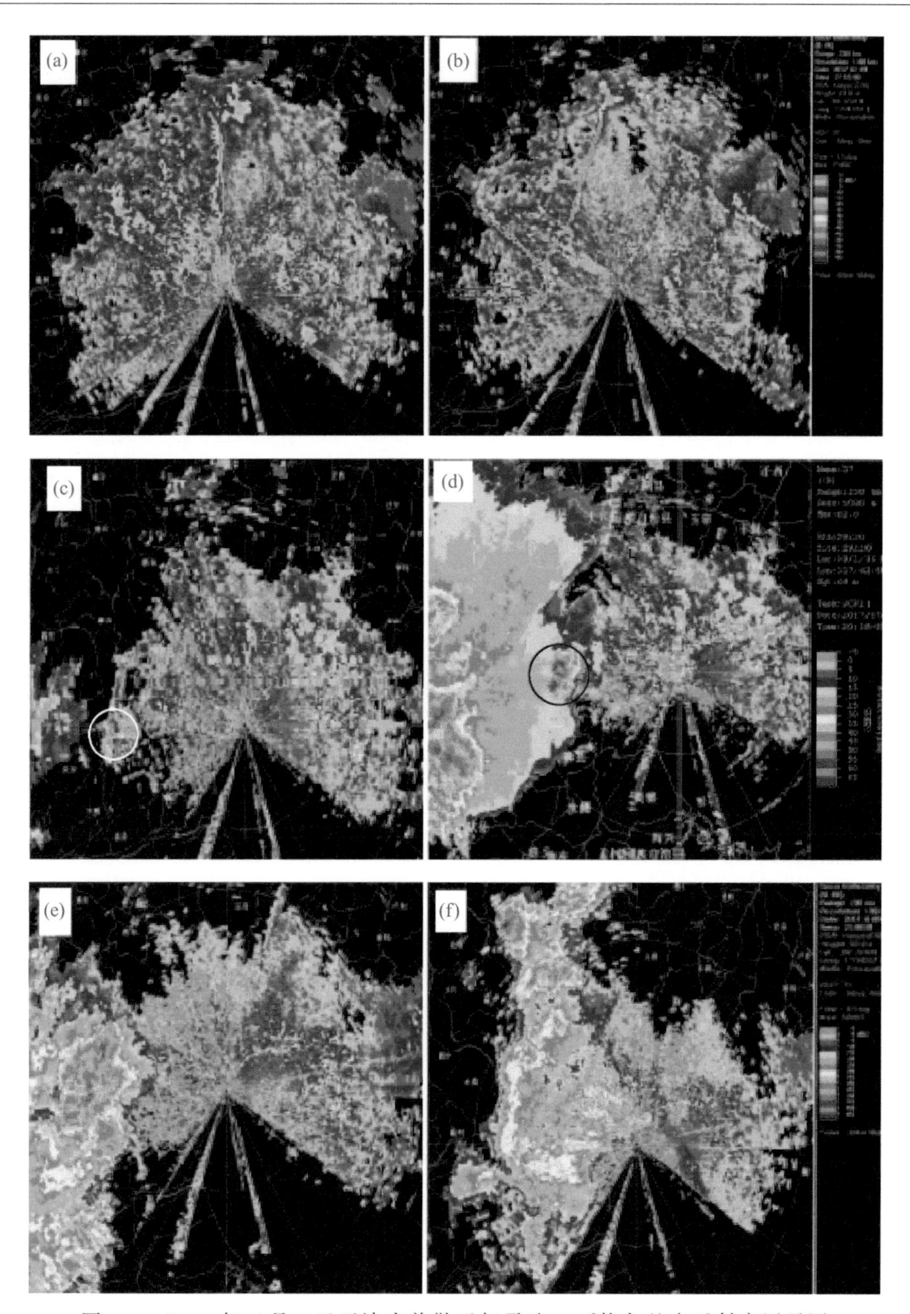

图 5.8　2017 年 7 月 9 日天津多普勒天气雷达 0.5°仰角基本反射率因子图
(a)15:42,(b)17:18,(c)20:12,(d)20:18,(e)21:00,(f)23:00

本次过程冷锋云系自西向东移动,强对流单体却沿着辐合线向北移动,沿途产生雷雨、大风(阵风 9～10 级)、冰雹(直径 5～7 cm)、短时强降水(最强降水为 72.5 mm/h)强对流天气。

第 6 章　城市热岛与海风锋相互作用触发雷暴的演变机制

天津位于渤海之滨，海陆风环流是其主要的气候特征。由海陆风环流所引起的海风锋成为了天津地区雷暴触发的一个重要机制（王彦 等，2006；2011a；卢焕珍 等，2012；易笑园 等，2014；刘彬贤 等，2015）。对海风锋的观测一般综合利用雷达、闪电定位系统、微波辐射仪和气象自动站等多种观测资料（Banta et al. ，1993），Finkele 等（1995）利用飞机对海风锋的环流结果进行定点观测，上海台风所利用 GPS/PWV 组网技术分析海风锋登陆前后水汽演变特征（唐玉琪 等，2019）。随着中尺度模式的发展，越来越多的国内外学者利用 WRF 模式对海风锋触发的雷暴天气进行模拟，包括考虑下垫面地形变化、地形辐射效应等对海风锋的影响（Skamarock and Klemp，2008；Chen et al. ，2011；Hughes and Veron，2018；王莹 等，2018；韩芙蓉 等，2018），以及通过调整参数化方案改进模式对海风锋的模拟效果（Lin et al. ，2019；杨秋彦 等，2019；王莹 等，2019），同时通过模式模拟对海风锋激发的雷暴特征进行了分析（苏涛 等，2016）。此外由于城市化的不断扩大，城市热岛效应也愈加明显。沿海城市发展的海风锋在遇到城市热岛后很容易激发强对流天气。顾问等（2017）对 2011—2014 年的海风锋日进行了统计，通过分类研究了不同类型的海风锋与城市热岛相遇后触发对流的机制。本章研究城市热岛与海风锋在天津地区的相互作用所激发的强对流天气，并利用中尺度天气模式（WRF V4. 0），对 2018 年 7 月 22 日中午前后天津市区的一次强对流天气过程进行了模拟。

6. 1　资料和方法

6. 1. 1　城市热岛的资料与计算方法

（1）选取资料包括 MODIS 卫星资料、社会经济资料和相应的自动气象站资料。MODIS 卫星资料：选用天津地区 2001—2015 年逐日地表温度产品。社会经济资料：天津市 2011—2015 年社会经济数据，包括国内生产总值、城镇人口数、拥有机动车数量等。

（2）采用技术方法。主要采用叶彩华等（2011）提出的 SHUI 指标及等级划分方法来估算遥感地表热岛强度，即

$$\mathrm{SHUI}_i = T_i - \frac{1}{n}\sum_{1}^{n} T_{\mathrm{crop}} \tag{6.1}$$

其中，SHUI_i 为图像上第 i 个像元所对应的热岛强度，T_i 是路表温度，n 为乡村背景内的有效像元数，T_{crop} 为乡村背景内的路表温度，并按热岛强度值的大小，划分为 7 级热岛强度：强冷岛、较强冷岛、弱冷岛、无热岛、弱热岛、较强热岛、强热岛，分别赋值 1、2、3、4、5、6、7。

6.1.2　海风锋的观测方法

本章采用结合逐小时自动站观测的 10 m 风场及塘沽(39.04°N，117.72°E)雷达站的观测方法对海风锋和强对流天气进行观测。

6.1.3　模式模拟参数化设置

为了更清楚地分析城市热岛效应及与海风锋的相互作用，本节采用四层双向嵌套方案对 2018 年 7 月 22 日中午前后在天津市区由城市热岛和海风锋相互作用激发的一次强对流过程进行模拟(图 6.1a)。

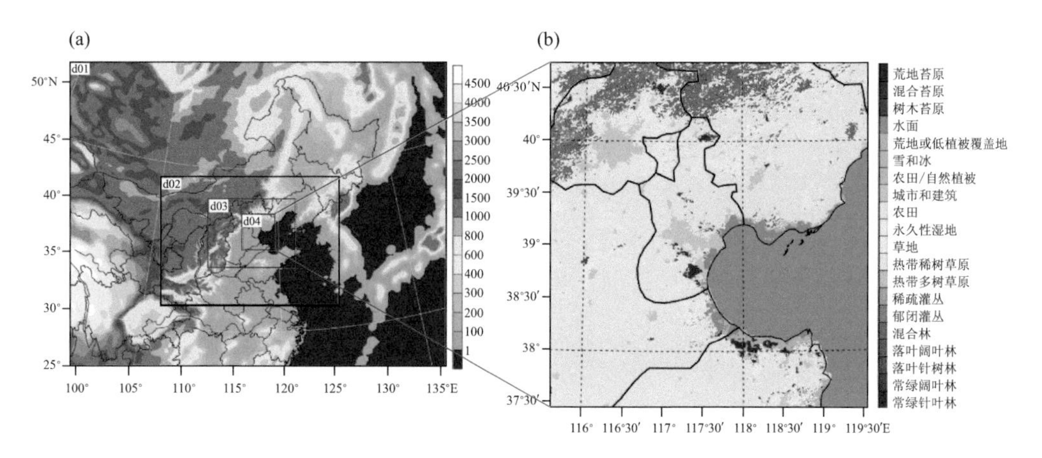

图 6.1　(a)WRF 模式模拟四层嵌套区域(填色：地形高度，单位：m)；(b)下垫面种类

模式的运行时间为世界时 2018 年 7 月 22 日 00:00 UTC—12:00 UTC。由于在 03:00 UTC(即北京时 11:00)前后天津市区局地强对流过程开始发展，所以前 2 h (00:00—02:00 UTC)作为模式的启动时间(spin up period)，着重分析 03:00—06:00 UTC 中强对流过程发生的变化。驱动风场为 NCEP 的 6hfnl 再分析数据，空间分辨率为 0.25°，同时设定了 NOAA 的每日海温数据更新驱动。模式中所使用的参数化方案设置如表 6.1 所示。其中积云对流参数化方案在第一层(d01)和第二层(d02)中开启 KF 方案，而关闭第三层(d03)和第四层(d04)的积云对流参数化方案。

表 6.1 模拟方案

项目	方案
中心点	39°N,122°E
水平分辨率	27 km,9 km,3 km,1 km
长波辐射方案	RRTM 方案
短波辐射方案	Dudhia 方案
积云对流参数化方案	Kain-Fritsch 方案
微物理参数化方案	Thompson 方案
边界层方案	BouLac PBL
近地层方案	Revised MM5 Monin-Obukhov 方案
陆面过程	Unified Noah 陆面过程
城市冠层模块	多层建筑环境参数化(BEP)方案

6.2 天津市城市热岛的气候特征

6.2.1 城市化进程下天津城市热岛效应的多尺度时空分布特征

从不同年份(1987—2015 年)天津市中心城区热岛空间分布来看(图 6.2),近 30 年来天津市热岛面积扩张非常明显,呈逐年递增趋势。1987 年热岛主要出现在中心城区,高温区域(图 6.2,红色)面积约为 179.51 km^2,环城四区则以点、块状的分散性热岛为主;2001 年以后高温区域面积增加明显,呈现由中心城区向环城四区扩张态势,同时,次高温(图 6.2,黄色)范围也在不断扩大;至 2015 年,高温区域面积增大到 563.5 km^2,相对于 1987 年增加了 2.14 倍。目前,中心城区热岛和环城四区热岛有连成片的趋势,更大规模城市热岛日趋明显。

城市热岛效应逐年增强、范围扩大。根据天津市近 30 多年来的气候资料分析,中心城区热岛效应增强明显,城市与近郊区和远郊区的温差不断加大,从 20 世纪 70 年代的 0.60 ℃发展到现在的 1.11 ℃,以年平均气温计算,天津城市热岛强度增率为 0.17 ℃/10 a(北京:0.33 ℃/10 a;石家庄:0.17 ℃/10 a)。

根据天津市近 30 多年来的气候资料分析,城市与近郊区和远郊区的温差不断加大,从 20 世纪 70 年代的 0.60 ℃发展到现在的 1.11 ℃。以年平均气温计算,天津城市热岛强度年增温率为 0.17 ℃/10 a(图 6.3)。

6.2.2 天津市环城四区城市热岛空间分布特征和变化趋势

此外,基于单通道地表温度算法,利用 6 景 Landsat 资源卫星数据定量反演天津市四个环城区的地表温度,分析评价天津中心城区的热岛变化情况。

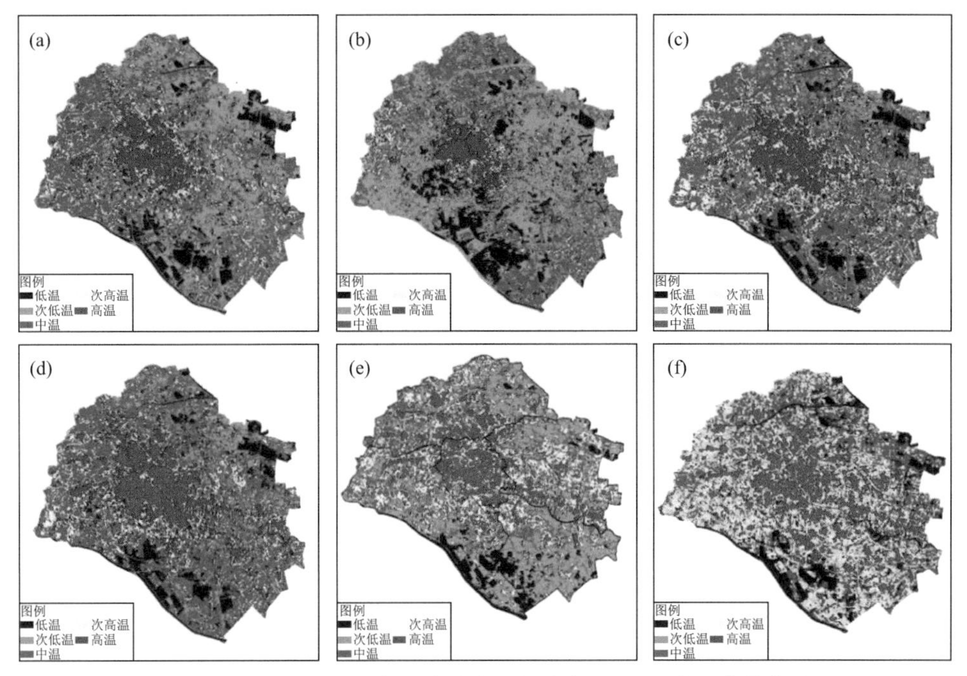

图 6.2　天津市区及四郊城市热岛空间变化（卫星反演地表热状况）
(a)1987，(b)1993，(c)2001，(d)2006，(e)2013，(f)2015 年

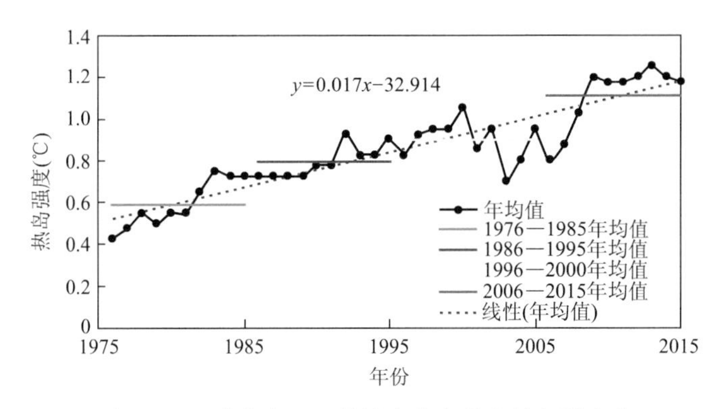

图 6.3　天津市中心区域城市热岛强度的年际变化

如图 6.4 所示，可以看出天津市区及环城四区的热岛演变过程：1987 年热岛区域集中分布在外环以内的天津市中心区，与周边地区的冷岛效应对比明显。1992 年市中心区域热岛面积开始扩展，热岛等级有所提高，四大环城区内城镇扩张明显，强热岛区域零星分布，北辰区大部、西青北部呈弱热岛效应。2001 年热岛区域从市中心继续向外扩张，东丽区出现“长链”状的强热岛区。2005 年热岛面积继续增加，热岛区进一步向外呈辐射状扩张，热岛强度有所提高，天津市区及四大环城区大部分呈弱热岛以上等级。2013 年市中心、北部地区热岛面积增加，热岛等级呈现“北高南

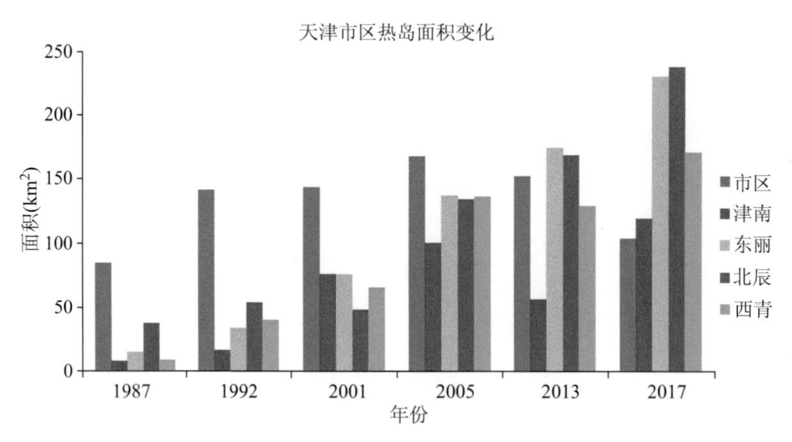

图 6.4 天津市区及环城四区热岛面积变化统计

低”态势。2017 年市中心热岛强度略降，热岛区破碎化，而周边四区的热岛面积和强度大大提高，整个地区热岛区域已混成一体。

从图 6.4 可以看出天津市区及环城四区的热岛面积变化：市区的热岛面积在 2005 年以前一直保持最高，而 2005 年以后则被东丽区、北辰区超过，随着 2014 年海绵城市建设工程的实施，天津市区热岛面积有所降低。四大环城区热岛面积经历了明显的“从小到大”的演变过程，热岛面积逐年上升。其中，东丽区和北辰区热岛效应较强，一直排在前两位。

从图 6.5 可看出天津市的较强热岛以上等级面积一直呈现缓慢增加的趋势，尤其 2010 年之后热岛面积快速增加，相比 2001 年面积增加四倍多。

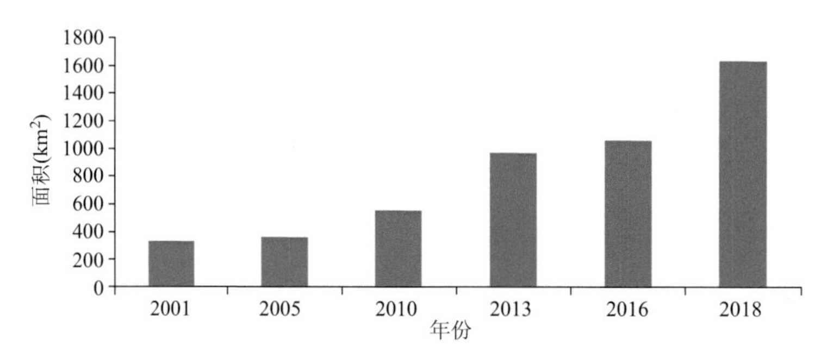

图 6.5 天津地区城市热岛面积变化柱状图

6.2.3 天津城市热岛效应增大极端强对流天气事件的频率和强度

20 世纪 90 年代后期开始，天津城区与郊区相比较，城区的高温频次比郊区的增多趋势更为明显。热岛效应产生的环流和城乡温度梯度，使天津地区极端高温和局地强对流天气（暴雨或强雷暴）的发生频率和强度增大。苗峻峰（2014）应用自动气象站逐时观测资料分析海陆风对城市热岛日变化的影响，另外应用天津多普勒天气

雷达资料观测海风锋和城市热岛相互作用对局地雷暴形成和发展的影响，应用中尺度数值模拟方式对其发生发展机制进行了探索。

6.3 城市热岛和海风锋激发强对流过程

6.3.1 2018 年 7 月 22 日天气过程

图 6.6 给出了 2018 年 7 月 22 日城市热岛与海风环流相互作用过程中，自动站观测的地面 2 m 温度和 10 m 风场的空间分布：02：00—08：00，天津地区以天津中轴带为界，南部气温高于北部气温，其中市区和滨海新区中南部气温高于周边区域 0.6～1.2 ℃以上。北部区域风由海上吹向陆地，南部区域可看到地面风在市区附近的辐合，

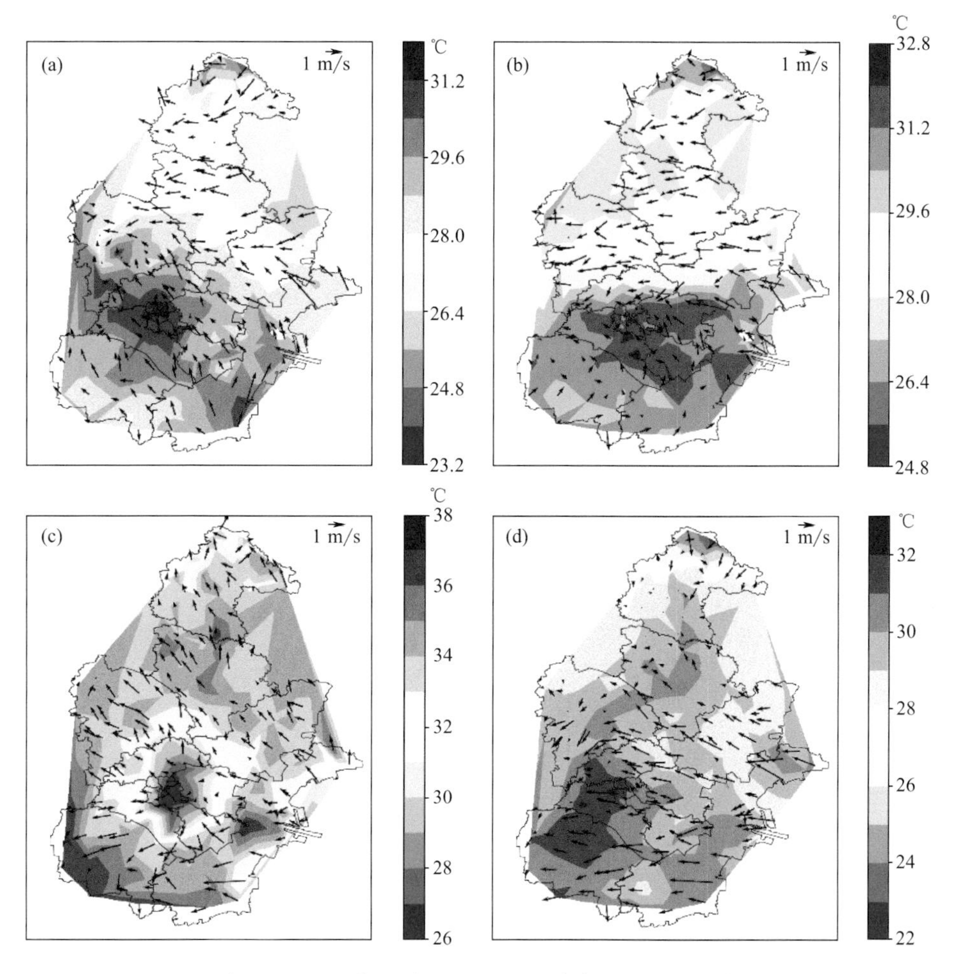

图 6.6 2018 年 7 月 22 日一日四次气温和风的分布

(a)02：00，(b)08：00，(c)14：00，(d)20：00

随后在市区出现降水，14:00 可看到市区周边气温骤降，而后天津平原范围基本以来自海上的东风为主，市区气温逐步回升，至 20:00 气温高值区位于市区西南部。

2018 年 7 月 22 日中午前后，从 11:00(图 6.7a)至 13:00(图 6.7c)，有海风锋在天津东部沿海地区生成，并不断向西推进。海风锋在不断西移的过程中在 12:00(图 6.7b)遇到城市热岛在天津市区激发了强对流，13:00(图 6.7c)回波强度和范围都明显增大，最大回波超过了 50 dBZ，在 14:00(图 6.7d)海风锋和强对流回波都减弱消散。

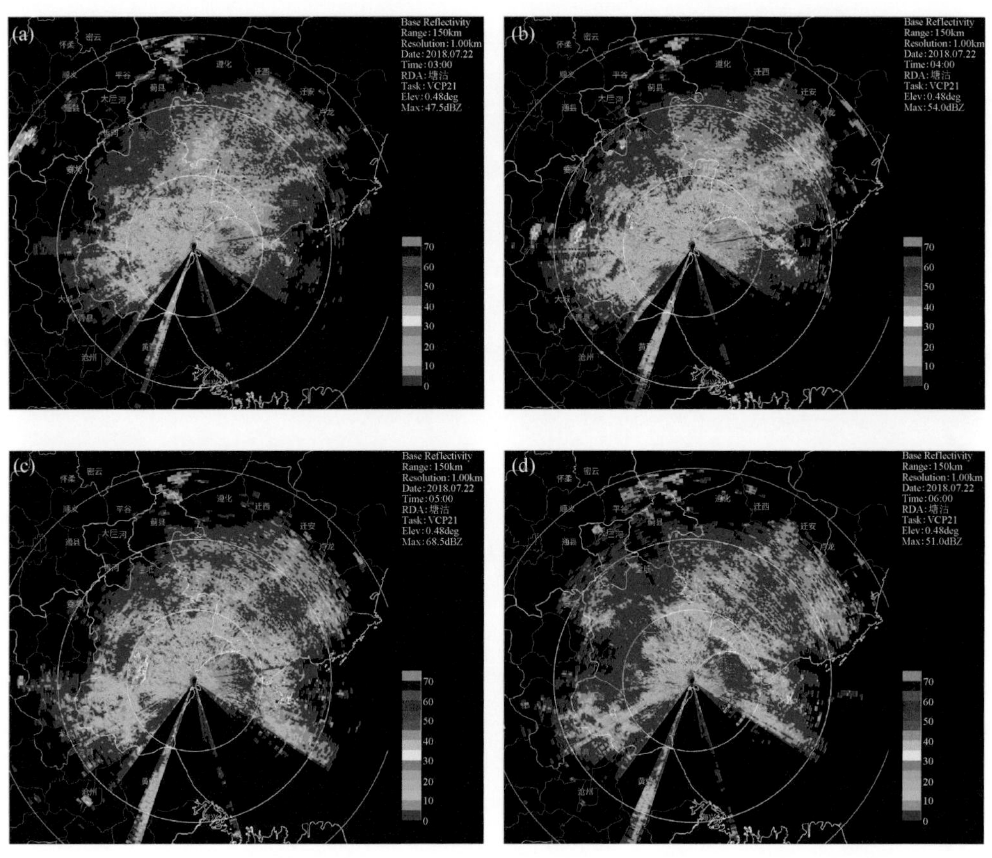

图 6.7　2018 年 7 月 22 日 11:00—14:00 天津多普勒天气雷达 0.5°仰角基本反射率因子图
(a)11:00，(b)12:00，(c)13:00，(d)14:00

6.3.2　2019 年 7 月 18 日天气过程

2019 年 7 月 18 日的天气过程和 2018 年 7 月 22 日的天气过程有所不同，02:00—08:00 风向分布并不是一致的东风，但热岛现象同样明显(图 6.8)，08:00 天津南部区域高温区连接成片，后期出现海风，至 14:00 海风吹至市区，市区附近产生较明显降水，市区降温明显。之后，市区逐渐升温，至 20:00，高温区分布于市区西侧，天津全境出现海风。

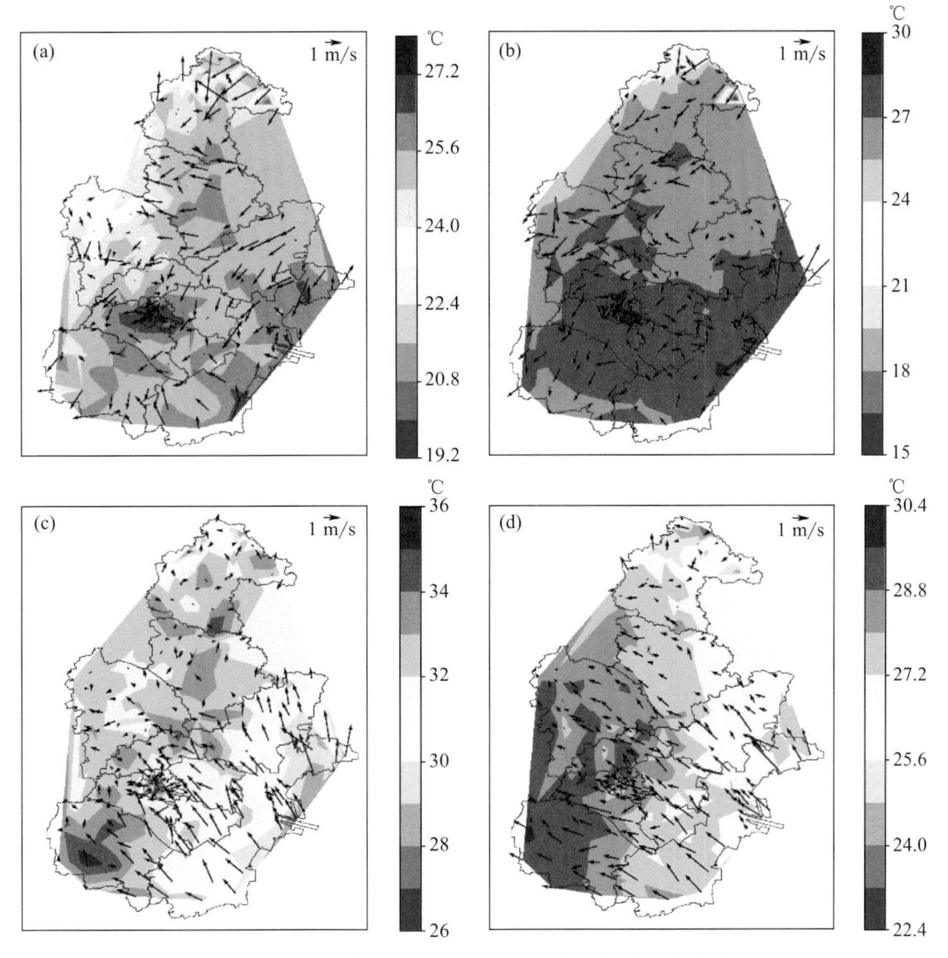

图 6.8　2019 年 7 月 18 日一日四次气温和风的分布

(a)02:00,(b)08:00,(c)14:00,(d)20:00

2019 年 7 月 18 日午后,一次由城市热岛和海风锋相互作用所引起的强对流天气过程发生。从 12:00—15:00(图 6.9a—d),海风锋不断西移,于 14:00(图 6.9c)在天津市区激发出强对流天气,市区最大反射率超过 50 dBZ。

6.3.3　2019 年 6 月 14 日天气过程

2019 年 6 月 14 日 02:00 天津市区热岛现象明显(图 6.10),较周边郊区气温高 2 ℃以上,风由海上吹向陆地,随后高温区域逐渐扩大,08:00 风由陆地吹向海上,08:00—14:00 天津全境逐渐升温,14:00 气温最高可达 36 ℃左右,沿海区域开始出现海风,至 20:00,天津全境出现偏东的海风,气温有所下降,沿海区域下降较为明显,和前面天气过程不同的是,该次天气过程未有降水发生。

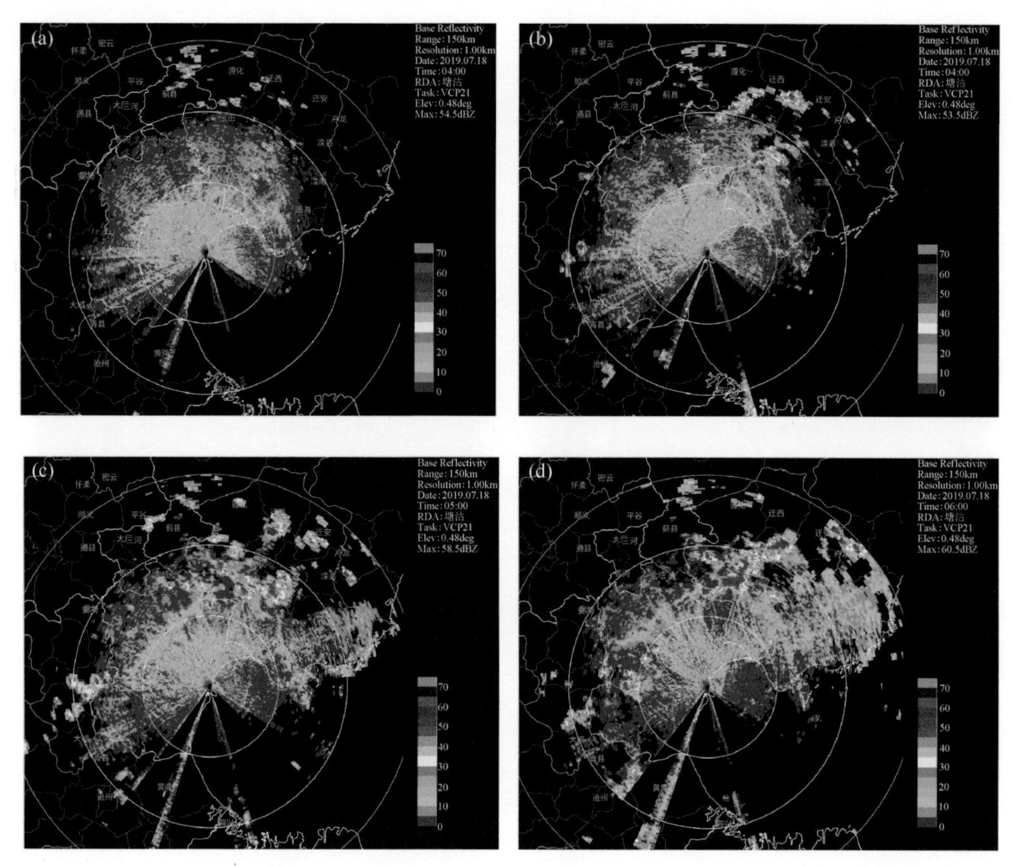

图 6.9　2019 年 7 月 18 日 12:00—15:00 天津多普勒天气雷达 0.5°仰角基本反射率图

(a)12:00,(b)13:00,(c)14:00,(d)15:00

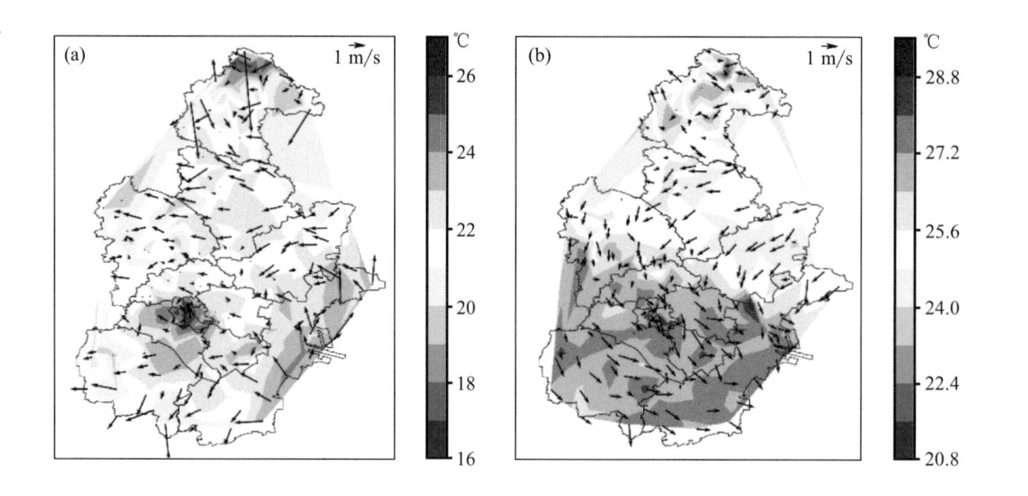

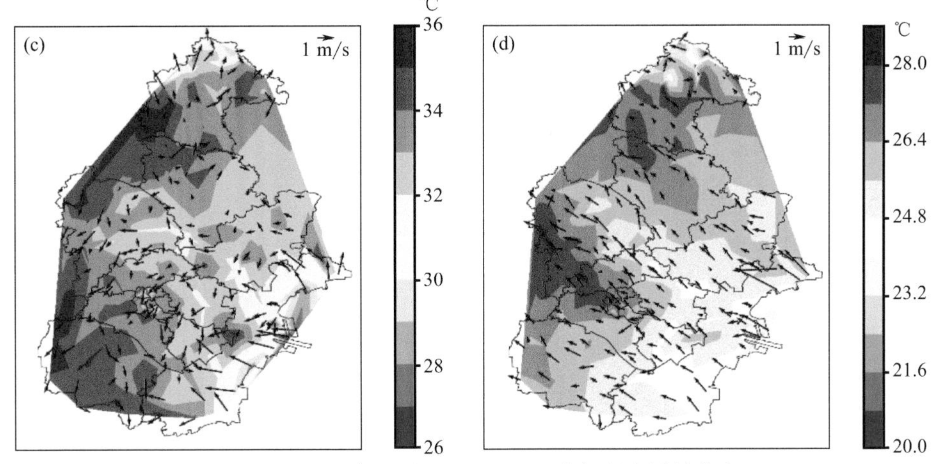

图 6.10　2019 年 6 月 14 日一日四次气温和风的分布

(a)02:00,(b)08:00,(c)14:00,(d)20:00

从雷达基本反射率图上来看(图 6.11),海风锋于 2019 年 6 月 14 日下午 15:00

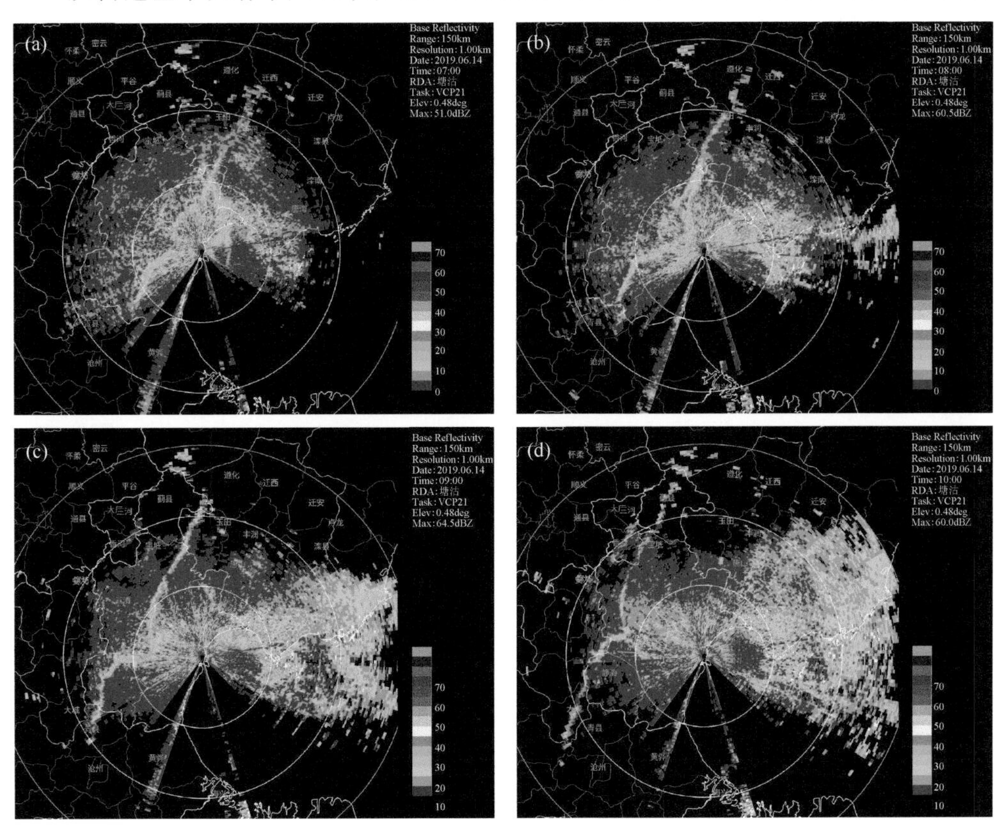

图 6.11　2019 年 6 月 14 日 15:00—18:00 天津多普勒天气雷达 0.5°仰角基本反射率图

(a)15:00,(b)16:00,(c)17:00,(d)18:00

出现在天津的东部，随后逐渐向西推进。由于本次过程海风锋出现的时间晚于城市热岛最强的时间段，因此并未在该地区产生较强的对流过程。但从雷达回波上可以清晰地看到海风锋的形态，及其向西推进的过程。

6.4 模拟结果分析

6.4.1 模拟观测对比

选取2018年7月22日中午前后天津地区发生的一次由海风锋和城市热岛相互作用形成的强对流天气过程进行模式模拟，并对模拟结果进行分析，讨论对流触发的条件和维持的机制。图6.12a—d为天津塘沽站雷达组合反射率图，叠加自动站逐时风速观测数据。天津东南方向在11:00出现海风锋（以黑色虚线表示），强度较弱（图6.12a）。海风锋东南侧（锋后）地面10 m风场有从海面吹向天津市中心的东南风，在海风锋西北侧（锋前）有东北风，在天津市西南地区形成辐合中心。模拟结果相对于实况，11:00没有出现海风锋（图6.12e），但在天津东南侧由海面吹向天津市中心的东南风明显，在天津西南侧有较弱的东北风，11:00总体对于东北风模拟的强度较弱。在天津的西南部存在较弱的反射率。12:00（图6.12b），海风锋向内陆推进。在天津市区中心，对流开始发展，最大组合反射率达到50 dBZ，天津中南部地区海风锋前的东北风和锋后的东南风辐合也明显。在模拟的12:00（图6.12f），天津中南部通过模拟的最大反射率可识别出海风锋，达到30～40 dBZ。海风锋后的东南风模拟得较为清楚，然而锋前的东北风模拟效果偏差。在13:00观测的雷达组合反射率上（图6.12c）可以看出，天津市中心对流中心扩大，而强度较前一时刻略有减弱，最大组合反射率强度为40～50 dBZ。锋后东南风明显，而锋前东北风减弱。海风锋进一步向西推进，到达天津市区中心。与同期模拟结果相比（图6.12g），在13:00天津市区，海风锋更为明显，并由南向北延伸，与观测一致。13:00在天津中心地区也存在一个反射率为30～40 dBZ的对流中心（图6.12g），但与雷达组合反射率相比强度较弱。在14:00（图6.12d），海风锋的位置较上一时次无变化，但强度减弱。天津市区的对流中心强度亦减弱趋于消散。而在模拟的同一时刻（图6.12h），天津市区对流中心发展最强，对流面积明显扩大，海风锋位置不变。

虽然模拟结果在14:00的最大反射率与雷达在14:00观测到的组合反射率不一致，但与13:00观测的雷达组合反射率一致。这就说明，与雷达观测结果相比，模拟的强对流过程较观测晚了1 h左右，并且对流中心的位置与雷达观测结果较为一致，海风锋的变化也与实际情况较为吻合。此外，由于模式分辨率最高为1 km，而海风锋的水平尺度较小，因此在模拟过程中存在落区和位置稍有偏差的状况，考虑在后续的工作中要进一步提高模式的分辨率进行模拟。但是总体看来，模拟结果还是基本上反映了本次强对流过程的发生和发展，因此，可以在模拟结果中分析城市热岛和海风锋的影响。

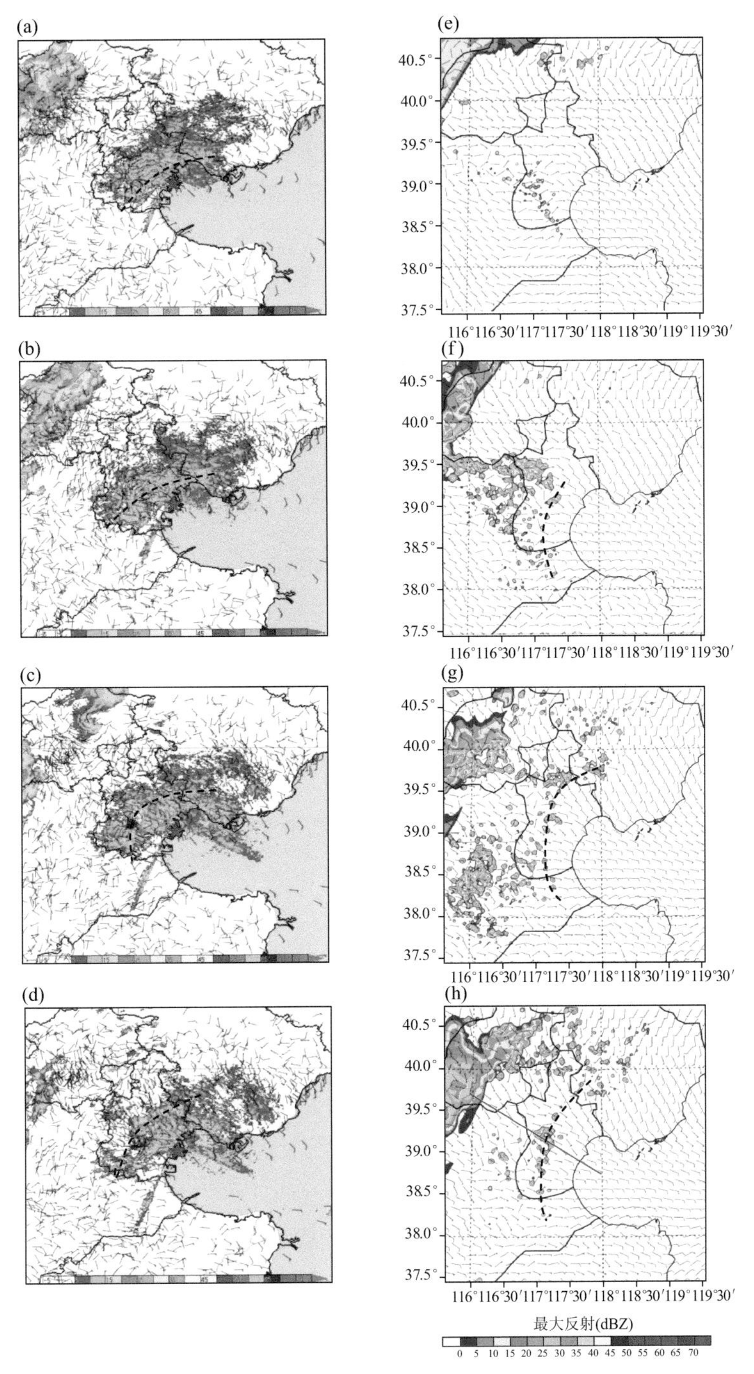

图 6.12　2018 年 7 月 22 日(a)11:00(北京时)、(b)12:00、(c)13:00 和(d)14:00 天津雷达观测到的组合反射率(dBZ)与自动站观测地面 10 m 风场的叠加;(e～h)为对应时刻 WRF 模拟的最大反射率(dBZ)和地面 10 m 风场的叠加(其中红色五角星代表雷达站的位置,黑色虚线代表海风锋的位置,红色实线代表图 6.14 中制作空剖面图的切线)

6.4.2 热力条件和水汽条件分析

为了分析海风锋的移动和城市热岛效应的发展，图 6.13a～d 为模式模拟的 2 m 地面温度的变化。在 11:00(图 6.13a)，天津东部沿岸温度梯度较大。温度梯度密集区可以代表海风锋的位置。天津中心和西南为高温区，城市热岛效应明显。在 12:00(图 6.13b)，天津城市中心的高温区略有减弱，这是由于降水发生引起的。温度梯度密集带向西延伸，说明海风锋向西推进，更加靠近城市中心。在 13:00(图 6.13c)，天津城市中心的高温区域依然存在，但由于降水的降温作用，城市中也存在一些分散的低温区域，温度梯度密集带也维持在相同位置。在 14:00(图 6.13d)，2 m 温度的空间分布与 13:00(图 6.13c)基本一致，在模拟过程中强对流过程依然存在。说明在本次对流过程中海风锋向西推进到达市中心后受到城市热岛的阻挡后停滞，在对流过程中城市热岛受到降水影响强度也在不断减弱。

图 6.13e～h 还显示了模拟过程模式最低层假相当位温的变化。在 11:00(图 6.13e)，天津东岸存在假相当位温的低值带，海风锋位于假相当位温的西部边界。在 12:00(图 6.13f)，假相当位温低值带的强度有所减弱，但是位置向西推进，深入内陆，到达天津市中心，对应海风锋位置的移动。在 13:00(图 6.13g)和 14:00(图 6.13h)，海风锋维持在相同位置，强度逐渐减弱，说明海风锋在对流过程中向西移动到达市中心后，在对流过程中强度也在逐渐减弱。

水汽条件也是对流发生的一个重要因素。图 6.13i～l 为 11:00—14:00 模式最低层相对湿度的变化。由图 6.13 可知，从城市中心到海面，相对湿度急剧增加，表明东风将水汽从海洋输送到内陆，形成海风锋。在 11:00(图 6.13i)城市中心相对湿度值较低，表现为一个相对较干的区域，沿海地区在海风锋的后侧相对湿度较高。12:00(图 6.13j)城市中心干区的强度有所加强，但范围有所减弱，并出现零散的湿区，说明降水正在发生。而在天津东部沿岸伴随着海风锋的向西推进，湿区的范围在进一步扩大。13:00 和 14:00(图 6.13k～l)，城市中心干区的强度范围进一步减弱，而湿区的边界即海风锋所在的位置停滞在城市中心东侧附近停滞向前推进。

从以上分析可以看出，对流发生前，天津城市中心呈现暖干特征，海风锋后的气团呈现冷湿特征。从 11:00 开始，海风锋逐渐向内陆推进，再遇到城市热岛后停滞向前，对流开始发生。12:00—14:00，随着对流的发展，城市热岛的暖干特性在区域内整体有所加强，但随着降水的发生有零散的低值区出现，且范围有所减小。而海风锋的强度即气候的冷湿气团特性在到达城市中心遇到城市热岛后强度开始逐渐减弱。

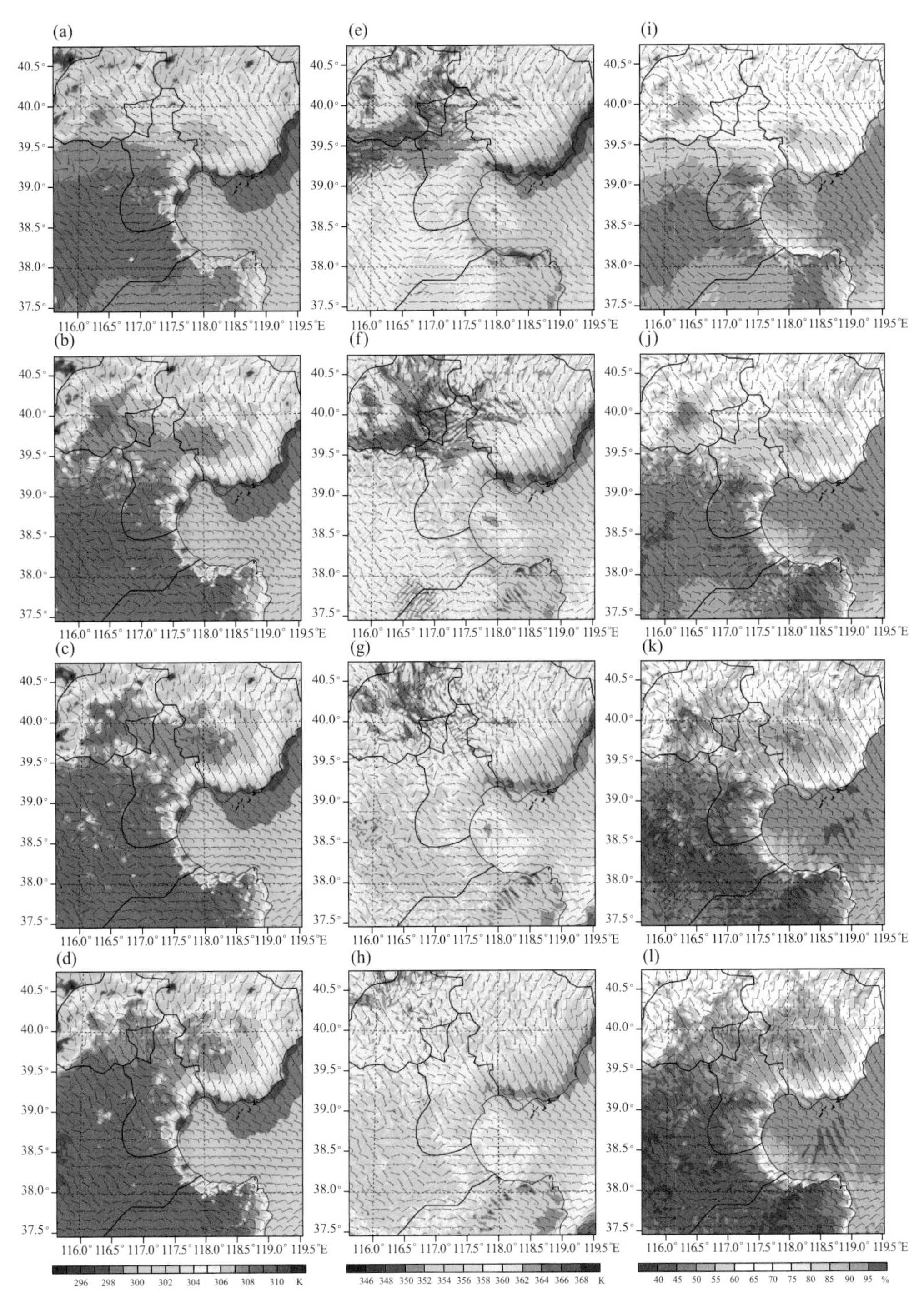

图 6.13　(a～d)模拟的 2 m 温度；(e～h)模拟的模式最低层假相当位温；(i～l)模拟的模式最低层相对湿度；(a)、(e)和(i)为 11:00 的水平分布图；(b)、(f)和(j)为 12:00；(c)、(g)和(k)为 13:00；(d)、(h)和(l)为 14:00(风向杆表示模式模拟的 10 m 风场分布)

6.4.3 垂直环流特征

为了进一步分析本次海风锋和城市热岛形成的对流过程中垂直环流结构和热力特征，图 6.14 给出了沿着图 6.12h 中红色实线做的位温和视热源 Q_1 的垂直剖面图。其中，视热源表示了大气中非绝热加热作用的变化（Yanai，1973），其计算公式如下。

$$Q_1 = C_p \left[\frac{\partial T}{\partial t} + \mathbf{V} \cdot \nabla T + \omega \frac{\partial \theta}{\partial p}\left(\frac{p}{p_0}\right)^k\right] \tag{6.2}$$

其中 T 为温度；$\mathbf{V}$ 为水平风矢量；p 为大气压；ω 为垂直速度，单位：Pa/s；θ 为位温；p_0为标准气压 1000 hPa；k 为常数 0.286。

由图 6.14 可知，低空（2 km 以下）有由海洋到陆地的偏东风，高空（2～4 km）有由陆地到海洋的偏西风，这符合白天海陆风环流的规律。位温可反映海风锋的移动特征，本节用 305 K 位温线代表海风锋的边界。在 11:00（图 6.14a），海风锋位于 39.05°N，117.42°E 附近，由于冷锋前的抬升作用，在锋前存在上升气流。在 39.25°N，117.01°E 与 39.15°N，117.22°E 之间蓝色方框的区域内也存在一定的湍流，而该区域正为城市所在的区域。该地区的湍流很可能是由于城市热岛效应造成的，因为城市热岛发生时地表具有较高的地表感热通量。在 12:00（图 6.14b），海风锋前沿略有西进，锋前上升气流增强。城市城区上空（39.15°N，117.22°E）暖区强度增强，说明城市热岛效应也在不断增强，说明海风锋移动到与城市中心距离较小时，城市热岛作用可以增强海风锋前的上升。在 12:00，市区上空的湍流作用也增强了，同时在市区的西侧气流也表现出较强的湍流特征。在 13:00（图 6.14c），市区范围内西侧的向上气流增强，并从底部向高空延伸（约 3.5 km）。海风锋的位置仍然保持不变，此时对流达到最强，同时城市热岛也在不断增强。到 14:00，由于降水的拖曳作用，城区上空出现了下沉气流，由于降水蒸发作用，此时在城区上空出现了一些小的冷区。为了更清楚地分析垂直结构上的热力变化，本节利用视热源 Q_1，来对比非绝热加热的作用。在 11:00（图 6.14e），海风锋前存在一些正值，因为锋面抬升使得空气凝结释放潜热。在城区范围（蓝色方框内），Q_1 在地表到 1 km 为正值，这是由地表热通量引起的，而在高空（1.5 km 到 3 km），则正负值交替出现，这是由湍流混合引起的。从 12:00 到 14:00（图 6.14f～h），由于城市热岛效应的发展和与海风锋的相互作用，在海风锋前 Q_1 的正值增强，说明上升运动引起的凝结潜热释放增强。同时，在城区内和城区的西侧也出现了 Q_1 正、负值交替出现的现象，说明城区内及周边地形条件复杂，湍流作用强，在对流过程中不仅有上升气流通过凝结潜热释放而产生的 Q_1 正值，同时也有由于降水蒸发吸收热量而产生的 Q_1 负值。此外，由地表热通量引起的 Q_1 正值从地表到 1 km 始终存在。

以上分析表明，在强对流过程中，天津东部地区存在明显的海风锋，通过垂直剖面图中的等位温线可以清楚地识别，偏东风将水汽从海洋输送到陆地，为强对流过程

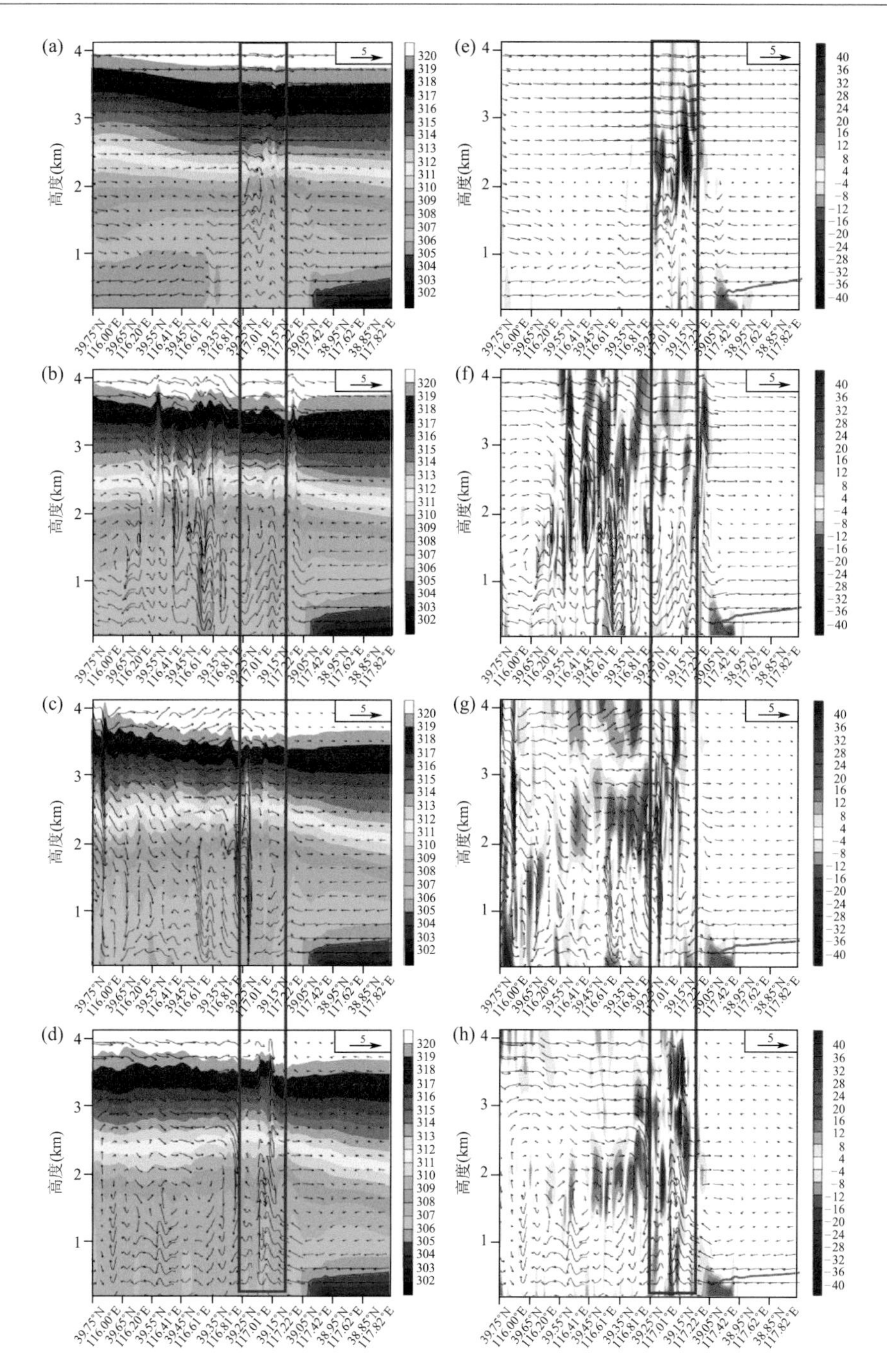

图 6.14　沿图 6.12 h 中红色实线(39.75°N,116°E～38.75°N,118°E)所做的(a～d)位温(K)和(e～h)视热源 Q1(×10^{-4} K/s)的垂直剖面图以及垂直方向的合成风(u:m/s,w:×10 m/s)。(a)、(e)为 11:00;(b)、(f)为 12:00;(c)、(g)为 13:00;(d)、(h)为 14:00(蓝色方框表示城市范围上空,红色实现为 305 K 等位温线,表示海风锋的前沿)

中的降水提供了充足的水汽来源。海风锋向西移动，锋前上升运动产生凝结潜热释放，当海风锋的前沿靠近城市热岛中心时，上升运动和凝结潜热释放增强。同时从11:00到14:00，城市热岛效应的增强使城区内的湍流混合增强，成为强对流天气的触发机制。此外，从低层到高层强的垂直风切变也是强对流过程发展的重要因素。

6.4.4 模拟结果分析

通过利用中尺度模式WRF对2018年7月22日11:00—14:00天津地区发生的一次由城市热岛效应与海风相互作用引起的强对流过程进行模拟分析，对模拟的最大反射率与雷达观测到的组合反射率进行比较，以及对模式模拟的10 m风场和自动站观测到的10 m风场数据进行比较，结果表明：虽然模拟的本次强对流过程相比于实况存在一定的误差，对流发生的最强时刻比实况晚了1 h左右，但对流中心的位置和海风锋的形态与实况相比较为一致。模拟结果能较好地反映这一对流过程。因此可以通过模拟结果研究城市热岛和海风锋相互作用产生强对流的机制。

模拟结果表明，在对流过程中，对流层低层偏东气流将冷湿气团从海洋输送到干热的天津城市中心。城市热岛强度从11:00—14:00在不断增强，海风锋开始在11:00—12:00向西推进，其前沿到达市区范围只受到热岛的阻挡，之后维持在同一位置不变，但强度开始逐渐减弱。同时，城市热岛加剧了海风锋前空气的抬升，释放大量凝结潜热，城区内的湍流混合增强，为强对流天气提供了触发机制。由于海陆风环流所引起的低层偏东气流和高层偏西气流也为强对流过程提供了强的垂直风切变，增加了不稳定条件。

参考文献

鲍旭炜，谈哲敏，2010. 二维多单体雷暴系统中对流单体生成和发展的新机制[J]. 气象学报，68(3)：296-308.

北京大学大气湍流和扩散科研组，1979. 锦西沿岸区的海风[C]//北京大学地球物理系论文集. 北京大学大气物理系：31-44.

蔡榕硕，严邦良，黄荣辉，2003. 台湾海峡海陆风数值模式与数值模拟试验[J]. 大气科学，27(1)：86-96.

陈德花，潘宁，张玲，等，2018. 海风锋及低压环流对闽东一次暴雨过程的影响分析[J]. 暴雨灾害，37(2)：149-157.

刁秀广，2018. 阵风锋、海风锋和冷锋等触发局地强对流风暴实例分析[J]. 海洋气象学报，38(4)：45-57.

方祖亮，俞小鼎，王秀明，2020. 东北暖季干线统计分析[J]. 气象学报，78(2)：260-276.

付秀华，李兴生，吕乃平，等，1992. 复杂地形条件下三维海陆风数值模拟[J]. 应用气象学报，2(2)：113-123.

高梦竹，陈耀登，章丽娜，等，2017. 对流移入杭州湾后飑线发展机制分析[J]. 气象，43(1)：56-66.

高守亭，孙淑清，1986. 应用理查逊数判别中尺度波动的不稳定[J]. 大气科学，10(2)：171-182.

龚佃利，吴增茂，傅刚，2005. 2001 年 8 月 23 日华北强风暴动力机制的数值研究[J]. 气象学报，63(4)：504-516.

顾问，张晶，谈建国，等，2017. 上海夏季海风锋及其触发对流的时空分布和环流背景分析[J]热带气象学报，33(5)：644-653.

韩芙蓉，苗峻峰，王语卉，2018. 地形辐射效应参数化对海南岛海风环流结构和云水分布模拟的影响[J]. 热带气象学报，34(1)：115-132.

何娜，丁青兰，俞小鼎，等，2020. 北京及周边地区雷暴阵风锋特征统计分析[J]. 气象学报，78(2)：250-259.

何群英，解以扬，东高红，等，2011. 海陆风环流在天津 2009 年 9 月 26 日局地暴雨过程中的作用[J]. 气象，37(3)：291-297.

侯淑梅，王秀明，尉英华，等，2018. 山东省初秋一次大范围强对流过程落区和抬升触发机制分析[J]. 气象，44(1)：80-92.

胡文东，杨侃，黄小玉，等，2015. 一次阵风锋触发强对流过程雷达资料特征分析[J]. 高原气象，34(5)：1452-1464.

梁俊平，张一平，2015. 2013 年 8 月河南三次西南气流型强对流天气分析[J]. 气象，41(11)：1328-1340.

刘彬贤，王彦，刘一玮，2015. 渤海湾海风锋与阵风锋碰撞形成雷暴天气的诊断特征[J]. 大气科学学报，38(1)：132-136.

刘璐，冉令坤，周玉淑，等，2015.北京“7.21”暴雨的不稳定性及其触发机制分析[J].大气科学，39(3):583-595.

刘勇，王楠，刘黎平，2007.陕西两次阵风锋的多普勒雷达和自动气象站资料分析[J].高原气象，26(2):380-387.

卢焕珍，赵玉洁，俞小鼎，等，2008.雷达观测的渤海湾海陆风辐合线与自动站资料的对比分析[J].气象，34(9):57-64.

卢焕珍，刘一玮，刘爱霞，等，2012.海风锋导致雷暴生成和加强规律研究[J].气象，38(9):1078-1086.

马建立，阮征，黄钰，2015.风廓线雷达估测降水云中大气垂直速度的一种方法[J].高原气象，34(3):825-831.

苗峻峰，2014.城市热岛和海风环流相互作用的数值模拟研究进展[J].大气科学学报，37(4):521-528.

庞古乾，伍志方，郭春迓，等，2016.广东省前汛期分区强对流潜势预报方法研究[J].热带气象学报，32(2):265-272.

漆梁波，2015.高分辨率数值模式在强对流天气预警中的业务应用进展[J].气象，41(6):661-673.

邱晓媛，范绍佳，2013.海陆风研究进展与我国沿海三地海陆风主要特征[J].气象，39(2):186-193.

阮征，葛润生，吴志根，2002.风廓线仪探测降水云体结构方法的研究[J].应用气象学报，13(3):330-338.

沈杭锋，翟国庆，朱补全，等，2010.浙江沿海中尺度辐合线对飑线发展影响的数值试验[J].大气科学，34(6):1127-1140.

沈杭锋，张红蕾，高天赤，等，2016.浙江盛夏一次强对流天气的特征及其成因分析[J].气象，42(9):1105-1113.

史珺，赵玉洁，王庆元，等，2017.风廓线雷达在一次短时暴雨过程中的应用[J].气象与环境科学，40(4):83-89.

寿绍文，励申申，寿亦萱，等，2009.中尺度大气动力学[M].北京:高等教育出版社.

宋洁慧，2008.宁波海陆风观测与数值模拟研究[D].南京:南京信息工程大学.

苏涛，苗峻峰，蔡亲波，2016.海南岛海风雷暴结构的数值模拟[J].地球物理学报，59(1):59-78.

孙继松，陶祖钰，2012，强对流天气分析与预报中的若干基本问题[J].气象，38(2):38-47.

陶岚，戴建华，李佰平，等，2016.上海地区移动型雷暴阵风锋特征统计分析[J].气象，42(10):1197-1212.

陶祖钰，周小刚，郑永光，2012.从涡度、位涡、到平流层干侵入—位涡问题的缘起、应用及其歧途[J].气象，38(1):28-40.

唐玉琪，刘红亚，岳彩军，等，2019.APS上海本地化及其在局地对流天气中的应用[J].气象科学，39(1):50-61.

王卫国，蒋维媚，余兴，1997.深圳海岸复杂地形气流与湍流特征的数值模拟[J].气象科学，17(3):274-279.

王晓峰，许晓林，张蕾，等，2014.上海“0731”局地强对流观测分析[J].高原气象，33(6):1627-1639.

王秀明，俞小鼎，2019，热带一次致灾龙卷形成物理过程研究[J].气象学报，77(3):387-404.

王秀明，俞小鼎，周小刚，2014.雷暴潜势预报中几个基本问题的讨论[J].气象，40(4):389-399.

王秀明,俞小鼎,周小刚,2015.中国东北龙卷研究:环境特征分析[J].气象学报,73(3):425-441.

王彦,李胜山,郭立,等,2006.渤海湾海风锋雷达回波特征分析[J].气象,32(12):23-28.

王彦,吕江津,周海光,等,2008.暴雨的多普勒天气雷达速度辐合风场特征[J].气象,34(3):63-68.

王彦,唐熠,赵金霞,等,2009.天津地区雷暴大风天气雷达产品特征分析[J].气象,35(5):91-96.

王彦,于莉莉,朱男男,等,2011a.渤海湾海风锋与雷暴天气[J].高原气象,30(1):245-251.

王彦,于莉莉,李艳伟,等,2011b.边界层辐合线对强对流系统形成和发展的作用[J].应用气象学报,22(6):724-731.

王彦,高守亭,梁钊明,2014.渤海湾海风锋触发雷暴的观测和模拟分析[J].高原气象,33(3):848-854.

王莹,苗峻峰,苏涛,2018.海南岛地形对局地海风降水强度和分布影响的数值模拟[J].高原气象,37(1):207—222.

王莹,苗峻峰,2019.近地层参数化对海南岛海风降水模拟的影响[J].地球物理学报,62(1):32-48.

王玉国,吴增茂,常志清,2004.辽东湾西岸海陆风特征分析[J].海洋预报,21(3):57-63.

吴海英,陈海山,刘梅,等,2017.长生命史超级单体结构特征与形成维持机制[J].气象,43(2):141-150.

许爱华,孙继松,许东蓓,等,2014.中国中东部强对流天气的天气形势分类和基本要素配置特征[J].气象,40(4):400-411.

许启慧,苗峻峰,刘月琨,等,2013.渤海湾西岸海陆风特征对城市热岛响应的观测分析[J].气象科学,33(4):408-417.

徐芬,杨吉,夏文梅,等,2015.雷达强度数据中的阵风锋特征统计和自动识别[J].高原气象,34(2):586-595.

徐芬,杨吉,郑媛媛,等,2016.MIGFA阵风锋识别算法改进与检验[J].气象,42(1):44-53.

徐亚钦,翟国庆,黄旋旋,等,2011.基于雷达和自动站资料研究风暴演变规律[J].大气科学,35(1):134-146.

姚建群,戴建华,姚祖庆,2005.一次强飑线的成因及维持和加强机制分析[J].应用气象学报,16(6):746-754.

杨秋彦,苗峻峰,王语卉,2019.边界层参数化对海南岛海风环流结构模拟的影响[J].热带气象学报,35(2):234-252.

叶彩华,刘勇洪,刘伟东,等,2011.城市地表热环境遥感监测指标研究及应用[J].气象科技,39(1):95-101.

于恩洪,陈彬,白玉荣,1987.渤海湾西部海陆风的空间结构[J].气象学报,45(3):379-381.

俞小鼎,姚秀萍,熊廷南,等,2006.多普勒天气雷达原理与业务应用[M].北京:气象出版社:94.

俞小鼎,周小刚,王秀明,2012.雷暴与强对流临近天气预报技术进展[J].气象学报,70(3):311-337.

俞小鼎,2014.关于冰雹的融化层高度[J].气象,40(6):649-654.

俞小鼎,王秀明,李万莉,等,2020.雷暴与强对流临近预报[M].北京:气象出版社:30-31,88-90.

翟国庆,俞樟孝,1992.强对流天气发生前期地面风场特征[J].大气科学,16(5):522-529.

张楠,何群英,刘彬贤,等,2018.非典型环流形势下天津一次局地暴雨过程中尺度特征分析[J].暴雨灾害,37(3):230-237.

张涛，郑永光，毛旭，等，2018. 2016 年 9 月 4 日下午"杭州 G20 峰会"期间短时阵雨天气成因与预报难点[J]. 气象，44(1)：42-52.

张文龙，崔晓鹏，黄荣，2014. 复杂地形下北京雷暴新生地点变化的加密观测研究[J]. 大气科学，38(5)：825-837.

赵金霞，徐灵芝，卢焕珍，等，2012. 盛夏渤海湾大气边界层辐合线触发对流风暴对比分析[J]. 气象，38(3)：336-343.

郑永光，陶祖钰，俞小鼎，2017. 强对流天气预报的一些基本问题[J]. 气象，43(6)：641-652.

郑媛媛，姚晨，郝莹，等，2011. 不同类型大尺度环流背景下强对流天气的短时临近预报预警研究[J]. 气象，37(7)：795-801.

朱抱真，1955. 台湾的海陆风[J]. 天气月刊(8 月附刊)，1-11.

ADAMS J C，1989. MUDPACK：Multigrid portable fortran software for the efficient solution of linear elliptic partial differential equations [J]. Appl Math Comput，34(2-part-P2)：113-146.

AYLWARD R P，DYER J L，2010. Synoptic environments associated with the training of convective cells [J]. Wea Forecasting，25(2)：446-464.

BANTA R，OLIVIER L，LEVINSON D，1993. Evolution of the Monterey Bay sea-breeze layer as observed by pulsed Doppler lidar [J]. J Atmos Sci，50(24)，3959-3982.

BLUESTEIN H B，JAIN M H，1985. Formation of mesoscale lines of precipitation：Severe squall lines in Oklahoma during the spring [J]. J Atmos Sci，42(16)：1711-1732.

CARBONE R E，WILSON J W，KEENAN T D，et al，2000. Tropical island convection in the absence of significant topography. Part Ⅰ：Life cycle of diurnally forced convection [J]. Mon Wea Rev，128(10)：3459-3480.

CHEN F，MIAO S，TEWARI M，et al，2011. A numerical study of interactions between surface forcing and sea breeze circulations and their effects on stagnation in the greater Houston area [J]. J Geophys Res，116，D12105.

CHEN X C，ZHANG FQ，ZHAO K，2016. Diurnal variations of the land-sea breeze and its related precipitation over South China [J]. J Atmos Sci，73(12)：4793-4815.

CLARK M R，PARKER D J. 2014. On the mesoscale structure of surface wind and pressure fields near tornadic and nontornadic cold fronts [J]. Mon Wea Rev，142(10)：3560-3585.

CORFIDI S F，MERITT J H，FRITSCH J M，1996. Predicting the movement of mesoscale convective complexes [J]. Wea Forecasting，11(1)：41-46.

DAVIES-Jones R，2003. An expression for effective buoyancy in surroundings with horizontal density gradients [J]. J Atmos Sci，60(23)：2922-2925.

ESTOQUE M A，1961. A Theoretical Investigation of the Sea Breeze [J]. Quart J Roy Meteor Soc，87(372)：136-146.

ETLING D，BROWN R A，1993. Roll vortices in the planetary boundary layer：a review [J]. Bound Layer Meteor，65：215-248.

EVANS C，WEISMAN M L，BOSAT L F，2014. Development of an intense，warm-core mesoscale vortex associated with the 8 May 2009 "Super Derecho" convective event[J]. J Atmos Sci，71(3)：1218-1240.

EZBER Y,SEN O L,BOYBEYI Z,et al,2015. Investigation of local flow features in Istanbul. Part Ⅰ:high-resolution sensitivity simulations [J]. Int J Climatol,35(13):3812-3833.

FANKHAUSER J C,CROOK N A,TUTTLE J,et al,1995. Initiation of deep convection along boundary layer convergence lines in a semitropical environment [J]. Mon Wea Rev,123(2):291-314.

FINKELE K,HACKER J,KRAUS H,et al,1995. A complete sea-breeze circulation cell derived from aircraft observations [J]. Bound Layer Meteor,73(3),299-317.

Fisher,E L,1961. A theoretical study of the sea breeze [J]. J Meteor,18(2):216-233.

FUJITA T T,1958. Structure and movement of a dry front [J]. Bull Amer Meteor Soc,39(11):574-582.

GOFF R C,1976. Vertical structure of thunderstorm outflows [J]. Mon Wea Rev,104(11):1429-1440.

HARRISON S J,Mecikalski J R,Knupp K R,2009. Analysis of outflow boundary collisions in North-Central Alabama [J]. Wea Forecasting,24(6):1680-1690.

HUGHES C,VERON D,2018. A characterization of the Delaware Sea breeze using observations and modeling [J]. J Appl Meteor Climatol.

JEEVANJEE N,ROMPS D M,2015. Effective buoyancy,inertial pressure,and the mechanical generation of boundary layer mass flux by cold pools [J]. J Atmos Sci,72(8):3199-3213.

JEFFREYS H,1922. On the dynamics of wind [J]. Quart J Roy Meteor Soc,48(201):29-46.

KARAN H,KNUPP K,2009. Radar and profiler analysis of colliding boundaries:a case study [J]. Mon Wea Rev,137(7):2203-2222.

KINGSMILL D E,1995. Convection initiation associated with a sea-breeze front,a gust front,and their collision [J]. Mon Wea Rev,123(10):2913-2933.

KINGSMILL D E,CROOK N A,2003. An observational study of atmospheric bore formation from colliding density currents [J]. Mon Wea Rev,131(12):2985-3002.

KOZO T L,1982. An observational study of sea Breezes along the Alaskan Beaufort Sea Coast:Part Ⅰ [J]. J. Appl. Meteor. ,21(7):891-905.

KRUEGER S K,MCLEAN G T,Fu Q,1995. Numerical simulation of the stratus-to-cumulus transition in the subtropical marine boundary layer. Part Ⅱ:boundary-layer circulation [J]. J Atmos Sci,52(16):2851-2868.

MOHSIN T,GOUGH W A,2011. Characterization and estimation of urban heat island at Toronto:impact of the choice of rural sites [J]. Theor Appl Climatol,108(7):105-117.

MUPPA S K,ANANDAN V,KESARKAR A,et al,2012. Study on deep inland penetration of sea breeze over complex terrain in the tropics [J]. Atmos Res,104:95-111.

LEMONE M A,1973. The structure and dynamics of horizontal roll vortices in the planetary boundary layer [J]. J Atoms Sci,30(6):1077-1091.

LEON J F,CHAZETTE P,DULAC F,et al,2001. Large-scale advection of continental aerosols during INDOEX [J]. J Geophys Res Atmos,106(D22):28427-28439.

LHERMITTE R M,MARC G,1975. Dual-Doppler radar observation and study of sea breeze convection storm development[J]. Appl Meteor,14(7):1346-1361.

LIN J L,2007. The double-ITCZ problem in IPCC AR4 coupled GCMs:ocean-atmosphere feedback analysis [J]. J Climate,20(18):4497-4525.

LIN Y,CAO D,LIN N,et al,2019. Characteristics and simulation biases of corkscrew sea breezes on the east coast of China [J]. J Geophys Res Atmos,124(1):18-34.

LOCK N A,HOUSTON A L,2014. Empirical examination of the factors regulating thunderstorm initiation [J]. Mon Wea Rev,142(1):240-258.

MAHONEY Ⅲ W P,1988. Gust front characteristics and the kinematics associated with interacting thunderstorm outflows [J]. Mon Wea Rev,116(7):1474-1492.

MARKOWSKI P M,Richardson Y,2007. Observations of vertical wind shear heterogeneity in convective boundary layers [J]. Mon Wea Rev,135(3):843-861.

MORI S,JUN-ICHI H,TAUHID Y I,et al,2004. Diurnal land-sea rainfall peak migration over Sumatera Island,Indonesian Maritime Continent,observed by TRMM satellite and intensive rawinsonde soundings [J]. Mon Wea Rev,132(8):2021-2039.

OGURA Y,CHEN Y L,1977. A life history of an intense mesoscale convective storm in Oklahoma [J]. J Atoms Sci,34(9):1458-1476.

OHASHI Y,KIDA H,2002. Local circulations developed in the vicinity of both coastal and inland urban areas:A numerical study with a mesoscale atmospheric model [J]. J Appl Meteor,41(1):30-45.

PIELKE R A,1974. A three-dimensional numerical model of the sea breezes over South Florida [J]. Mon Wea Rev,102(2):115-139.

PURDOM J F W,MARCUS K,1982. Thunderstorm trigger mechanisms over the southeast U. S. Preprints [C]. 12th Conf on Severe Local Storms,San Antonio,Amer. Meteor. ,487-488.

RAMAN S,NIYOGI D,SIMPSON M,et al,2002. Dynamics of elevated plume over the Arabian Sea and the northern Indian Ocean during northeasterly monsoons and during the Indian Ocean Experiment(INDOEX)[J]. Geophys Res Lett,29(16):1-4.

RAO P A,HENRY E F,2000. An investigation of convection behind the Cape Canaveral sea-breeze front [J]. Mon Wea Rev,128(10):3437-3458.

RHEA J O,1966. A study of thunderstorm formation along drylines [J]. J Appl Meteor,5:58-63.

RYU Y H,BAIK J J. 2013. Daytime local circulations and their interactions in the Seoul Metropolitan Area [J]. J Appl Meteorol Climatol,52(4):784-801.

SCHAEFER J T,1974a. The life cycle of the dryline [J]. J Appl Meteor,13:444-449.

SCHAEFER J T,1974b. A simulative model of dryline motion [J]. J Atoms Sci,31(4):956-964.

SCHAEFER J T,1986. The dryline Mesoscale Meteorology and Forecasting. P. S. Ray,Ed. [M]. Amer Meteor Soc,549-572.

SCHUMACHER R S,JOHNSON R H,2008. Mesoscale processes contributing to extreme rainfall in a midlatitude warm-season flash flood [J]. Mon Wea Rev,136(10):3964-3986

SCHUMACHER R S,JOHNSON R H,2009. Quasi-stationary,extreme-rain-producing convective systems associated with midlevel cyclonic circulations [J]. Wea Forecasting,24(2):555-574.

SKAMAROCK W C, KLEMP J B, 2008. A time-split nonhydrostatic atmospheric model for research and NWP applications [J]. J Comp Phys, 227, 3465-3485.

SODERHOLM J, MCGOWAN H, RICHTER H, et al, 2016. The coastal convective interactions experiment(CCIE): Understanding the role of sea breezes for hailstorm hotspots in Eastern Australia [J]. Bull Amer Meteor Soc, 97(9): 1687-1698.

THOMPSON R L, EDWARDS R, 2000. An overview of environmental conditions and forecast implications of the 3 May 1999 tornado outbreak [J]. Wea Forecasting, 15(6): 682-699.

TORRI G, KUANG Z M, TIAN Y, 2015. Mechanisms for convection triggering by cold pools [J]. Geophys Res Lett, 42: 1943-1950.

VERMA S, BOUCHER O, VENKATARAMAN C, et al, 2006. Aerosol lofting from sea breeze during the Indian Ocean Experiment [J]. J Geophys Res Atmos, 111(D7): 234-244.

VERMA S, PRIYADHARSHINI B, PANI S K, et al, 2016. Aerosol extinction properties over coastal West Bengal Gangetic plain under inter-seasonal and sea breeze influenced transport processes [J]. Atmos Res, 167: 224-236.

WAKIMOTO R M, ATKINS N T, 1994. Observations of the sea-breeze front during Cape. Part Ⅰ: Single dopller, satellite, and cloud photogrammetry analysis [J]. Mon. Wea. Rev., 122(6): 1092-1114.

WECKWERTH T M, WAKIMOTO R M, 1992. The initiation and organization of convective cells atop a cold-air outflow boundary [J]. Mon Wea Rev, 120(10): 2169-2187.

WECKWERTH T M, WILSON J W, WAKIMOTO R M, et al, 1997. Horizontal convective rolls: Determining the environmental conditions supporting their existence and characteristics [J]. Mon Wea Rev, 125(4): 505-526.

WECKWERTH T M, PARSONS D B. 2006. A review of convection initiation and motivation for IHOP_2002 [J]. Mon Wea Rev, 134(1): 5-22.

WILSON J W, SCHREIBER W E. 1986. Initiation of convective storms at radar-observed boundary-layer convergence lines [J]. Mon Wea Rev, 114(12): 2516-2536.

WILSON J W, MUELLER C K, 1993. Nowcasts of thunderstorm initiation and evolution [J]. Wea Forecasting, 8(1): 113-131.

WILSON J W, WECKWERTH T M, VIVEKANANDAN J, et al, 1994. Boundary layer clear-air radar echoes: Origin of echoes and accuracy of derived winds [J]. J Atmos Oceanic Technol, 11(5): 1184-1206.

WILSON J W, MEGENHARDT D L, 1997. Thunderstorm initiation, organization, and lifetime associatied with Florida boundary layer convergence line [J]. Mon Wea Rev, 125(7): 1507-1525.

WILSON J W, CROOK N A, MUELLER C K, 1998. Nowcasting thunderstorms: A status report [J]. Bull Amer Meteor Soc, 79(10): 2079-2100.

WILSON J W, ROBERTS R, MUELLER C K, 2004. Sydney 2000 forecast demonstration project: Convective storm nowcasting [J]. Wea Forecasting, 19(1): 131-150.

WILSON J W, ROBERTS R D, 2006. Summary of convective storm initiation and evolution during IHOP: Observational and modeling perspective [J]. Mon Wea Rev, 134(1): 23047.

WILLIAM P,MAHONEY Ⅲ,1988. Gust front characteristics and the kinematics associated with interacting thunderstorm outflows [J]. Mon Wea Rev,116(7):1474-1492.

WISSMEIER U,SMITH R K,ROBERT G,2010. The formation of a multicell thunderstorm behind a sea-breeze front [J]. Quart J Roy Meteor Soc,136(653):2176-2188.

XU K M,RANDALL D A,2001. Updraft and downdraft statistics of simulated tropical and midlatitude cumulus convection [J]. J Atmos Sci,58(13):1630-1649.

XU X,XUE M,WANG Y,2015a. Mesovortices within the 8 May 2009 bow echo over Central US: Analyses of the characteristics and evolution based on Doppler radar observations and a high-resolution model simulation [J]. Mon Wea Rev,143(6):2266-2290.

XU X,XUE M,WANG Y. 2015b,The genesis of mesovortices within a real-data simulation of a bow echo system [J]. J Atmos Sci,72(5):1963-1986.

YANAI M,1973. Determination of bulk properties of tropical cloud clusters from Large-Scale heat and moisture budgets [J]. J Atmos Sci,30(4):611-627.

YOUNG G S,KRISTOVICH D,HJELMFELT M,et al,2002. Rolls,streets,waves,and more:a review of quasi-two-dimensional structures in the atmospheric boundary layer [J]. Bull Amer Meteor Soc,83(7):997-1001.

YU R C,XU Y P,ZHOU T J,et al,1997. Relation between rainfall duration and diurnal variation in the warm season precipitation over central eastern China [J]. Geophys Res Lett,34,L13703.

ZIEGLER C L,RASMUSSEN E N,1998. The initiation of moist convection at the dryline:Forecasting issues from a case study perspective [J]. Wea Forecasting,13(4):1106-1131.

ZHENG L L,SUN J H,ZHANG X L,et al,2013. Organizational modes of mesoscale convective system over Central East China [J]. Wea Forecasting,28(5):1081-1098.